Gunnar Picht

Einfluss der Korngröße auf ferroelektrische Eigenschaften dotierter Pb(Zr$_{1-x}$Ti$_x$)O$_3$ Materialien

Schriftenreihe
des Instituts für Angewandte Materialien
Band 29

Karlsruher Institut für Technologie (KIT)
Institut für Angewandte Materialien (IAM)

Eine Übersicht über alle bisher in dieser Schriftenreihe erschienenen Bände
finden Sie am Ende des Buches.

Einfluss der Korngröße auf ferroelektrische Eigenschaften dotierter $Pb(Zr_{1-x}Ti_x)O_3$ Materialien

von
Gunnar Picht

Dissertation, Karlsruher Institut für Technologie (KIT)
Fakultät für Maschinenbau
Tag der mündlichen Prüfung: 16. Juli 2013

Impressum

Karlsruher Institut für Technologie (KIT)
KIT Scientific Publishing
Straße am Forum 2
D-76131 Karlsruhe

KIT Scientific Publishing is a registered trademark of Karlsruhe
Institute of Technology. Reprint using the book cover is not allowed.

www.ksp.kit.edu

Print on Demand 2013

ISSN 2192-9963
ISBN 978-3-7315-0106-0

Einfluss der Korngröße auf ferroelektrische Eigenschaften dotierter $Pb(Zr_{1-x}Ti_x)O_3$ Materialien

Zur Erlangung des akademischen Grades

eines

Doktors der Ingenieurwissenschaften

von der Fakultät für Maschinenbau des

Karlsruher Institut für Technologie

genehmigte

Dissertation

von

Dipl.-Ing. (FH) Gunnar Picht

aus Jena

Tag der mündlichen Prüfung: 16.07.2013

Hauptreferent: Prof. Dr. rer. nat. Michael J. Hoffmann

Korreferent: Prof. Dr. Ing. Jürgen Rödel

Für meinen Vater.

Danksagung

Die vorliegende Arbeit entstand während meiner Tätigkeit als wissenschaftlicher Mitarbeiter des Instituts für Angewandte Materialien - Keramik im Maschinenbau (IAM - KM) des Karlsruher Instituts für Technologie (KIT). Zum Gelingen trug eine Vielzahl an Personen bei, bei denen ich mich hiermit herzlich bedanken möchte.

Mein besonderer Dank gilt Herrn Prof. Dr. Michael J. Hoffmann für die Möglichkeit, diese Arbeit durchführen zu können, für die stete Diskussionsbereitschaft und für den großen wissenschaftlichen Freiraum. Bei Herrn Prof. Dr. Jürgen Rödel bedanke ich mich für die Übernahme des Korreferats.

Dank gilt Herrn Dr. Auer und Herrn Dr. Hipler für die Bereitstellung der nanoskaligen Zr/Ti-Oxid-Hydrate und die angenehme Zusammenarbeit.

Weiterhin möchte ich mich bei allen Mitarbeitern des IAM-KM für die gute Zusammenarbeit und Hilfsbereitschaft bedanken. Ohne die gute Atmosphäre hätte ich die Arbeit nicht anfertigen können. Dank gilt besonders Dr. Hans Kungl und Dr. Jérôme Acker für die vielen guten Diskussionen im Ferroelektrika-Team aber auch Dominic Creek und Rainer Müller für Unterstützung bei technischen Fragestellungen. Danken möchte ich auch den Studenten des Instituts, die im Rahmen ihrer Diplomarbeit oder als wissenschaftliche Hilfskraft die Arbeit unterstützt haben. Besonders erwähnen möchte ich Fabian Lemke, Tobias Sprenger, Lukas Werling und Felix Matt.

Ein weiterer Dank gilt Herrn Prof. Dr. Dragan Damjanovic und Dr. Li Jin für die Möglichkeit am Laboratoire de céramique (LC) der Ecole polytechnique fédérale de Lausanne (EPFL) die Frequenzdispersion ferroelektrischer

Keramiken zu untersuchen und für die guten Diskussionen im Rahmen meines Forschungsaufenthaltes. In diesem Zusammenhang danke ich dem Karlsruher House of Young Scientists (KHYS) für die finanzielle Unterstützung.

Für die Aufnahme der Raman-Spektren danke ich ganz herzlich Dr. Marco Deluca vom Institut für Struktur- und Funktionskeramik (ISFK) der Montanuniversität Leoben.

Herrn Prof. Dr. Gerold Schneider und Rodrigo Pacher Fernandes vom Institut für keramische Hochleistungswerkstoffe (AC) der Technischen Universität Hamburg Harburg danke ich für Möglichkeit und Unterstützung bei der Aufnahme der PFM-Bilder.

Schließlich möchte ich mich ganz herzlich bei meiner Familie bedanken, die mich immer mit ihrer Liebe und Kraft in jeder Lebenslage unterstützt hat. Ohne diesen Rückhalt hätte ich diese Arbeit nie anfertigen können.

Inhaltsverzeichnis

1 Einleitung

Das Interesse und die Vielzahl an unterschiedlichen Anwendungen der Materialien auf Basis von $Pb(Zr,Ti)O_3$ (PZT) ist in den sehr guten piezoelektrischen Eigenschaften begründet. Besonders hervorzuheben ist der Einsatz von polykristallinen PZT-Keramiken als elektromechanische Wandler für Autofokus-Kameras, Sonar, Ultraschallwerkzeuge, Nanostelltechnik, Vielschichtaktoren für die Kraftstoffeinspritzung in modernen PKW bis hin zu Dünnschichtanwendungen für die Mikrosystemtechnik [1-3]. Der globale Markt piezoelektrischer Aktuatoren im Jahr 2009 beläuft sich dabei auf 6,6 Mrd. US-Dollar. Mit einer jährlichen Wachstumsrate von 13% werden für 2014 12,3 Mrd. Dollar geschätzt [4]. Die Grundlage für diese Anwendungen bilden überwiegend Donator dotierte PZT-Materialien.

Die Korngröße stellt insbesondere bei der Klasse der ferroelektrischen Keramiken eine wichtige Größe dar, da sie die Materialeigenschaften signifikant beeinflussen kann. Bereits in den Anfängen der Arbeiten an piezoelektrischen $BaTiO_3$-Werkstoffen für Kondensatoranwendungen wurde ein Maximum der Permittivität bei einer Korngröße von $\approx$ 1µm beobachtet, was bis heute Gegenstand wissenschaftlicher Untersuchungen ist [5]. Weiterhin weisen dünne Filme bzw. Schichten ferroelektrischer Materialien unterschiedliche Eigenschaften im Gegensatz zu konventionell hergestellten Werkstoffen auf. Dies beruht unter anderem auf deren stark unterschiedlichen Korngrößen [6]. Die Skala der Korngröße reicht dabei von wenigen hundert Nanometern bis hin zu mehreren Mikrometern.

Neben der Verwendung sehr unterschiedlicher Syntheseverfahren beeinflusst ebenfalls die Dotierung bzw. die Defektchemie der PZT-Materialien maßgeblich deren Korngröße. Ein Beispiel hierfür ist die beobachtete Wechselwirkung zwischen AgPd-Elektroden mit der PZT-Keramik bei der Kosinterung von PZT-Vielschichtaktoren [7, 8]. Die Diffusion von Ag in die Keramik führt an dieser Stelle zu einem erhöhten Kornwachstum und einem Einfluss auf die ferroelektrischen Eigenschaften. In der Automobilindustrie sind neben den hohen funktionalen Ansprüchen auch die Herstellungskosten von entscheidender Bedeutung. Aufgrund der hohen Rohstoffpreise für Pd wird versucht, einen möglichst hohen Anteil an Ag als Innenelektrodenmaterial zu verwenden. Aufgrund der niedrigen Schmelztemperatur von Ag ($T_{schmelz}$= 962°C) sind jedoch sehr niedrige Sintertemperaturen < 925°C erforderlich. Neben der Verwendung niedrig schmelzender Sinteradditive [9-12] besteht die Möglichkeit, die Sintertemperatur der Keramik über die Ausgangskorngröße des Keramikpulvers einzustellen. Hierbei sind Kenntnisse über den Einfluss der Korngröße von entscheidender Wichtigkeit.

Grundlegende Untersuchungen des Korngrößeneinflusses auf die Eigenschaften von Donator dotierten PZT-Keramiken wurden bereits von verschiedenen Forschergruppen durchgeführt [13-15]. Eine systematische Untersuchung des Korngrößeneinflusses in Verbindung mit einer Variation der Defektchemie bzw. des Zr/Ti-Verhältnisses und deren Auswirkungen auf die elektromechanischen Dehnungseigenschaften von PZT-Keramiken mit Korngrößen bis in den sub µm Bereich liegt jedoch nicht vor.

Ableitung der Aufgabenstellung:
Ziel dieser Arbeit ist es, die Korngrößenabhängigkeit der elektromechanischen Eigenschaften und deren Ursachen zu untersuchen. Hierfür sind Kenntnisse der Domänen- und Kristallstruktur notwendig. Aus dieser Untersuchung heraus soll in einem weiteren Schritt eine modellhafte Beschreibung des Korngrößeneinflusses abgeleitet werden, welche auch die Zusammensetzung bzw. Dotierung der PZT-Keramik berücksichtigt.

2 Kenntnisstand

2.1 Grundlagen ferroelektrischer Pb(Zr$_{1-x}$Ti$_x$)O$_3$ - Keramiken

2.1.1 Dielektrische Materialeigenschaften

Im Allgemeinen werden Materialien, bei denen die Einwirkung eines elektrischen Feldes nicht zu einem Fluss elektrischer Ladungen über makroskopische Distanzen führt, als Dielektrika bezeichnet. Notwendig ist hierfür ein ausreichend hoher elektrischer Widerstand. In einem dielektrischen Kristall ist die Polarisation P_i proportional zum angelegten elektrischen Feld E_j:

$$P_i = \chi_{ij} \cdot E_j \tag{2.1}$$

χ_{ij} ist die dielektrische Suszeptibilität und kennzeichnet den Einfluss des Dielektrikums auf P_i. Durch Anlegen eines elektrischen Feldes E_i erhöht sich die dielektrische Verschiebung D_i um den Betrag der Polarisation P_i:

$$D_i = \varepsilon_0 \cdot E_i + P_i = \varepsilon_0 \cdot \varepsilon_{ij} \cdot E_j \tag{2.2}$$

Dabei ist $\frac{\varepsilon_{ij}}{\varepsilon_0} = \varepsilon_r$ und wird als relative Permittivität bezeichnet. Befindet sich ein reales Dielektrikum in einem elektrischen Wechselfeld treten Verluste auf, die durch eine komplexe Form der Permittivität ($\varepsilon^* = \varepsilon' - j\varepsilon''$) beschrieben werden können. Der Realteil ε' stellt dabei den Bezug zur dielektrischen Permittivität her. Der Quotient $\varepsilon''/\varepsilon'$ beschreibt die entsprechenden dielektrischen Verluste, gleichbedeutend dem Verlustfaktor $tan\ \delta$.

2.1.2 Piezoelektrizität und Ferroelektrizität in Ionenkristallen

Der piezoelektrische Effekt beschreibt den linearen Zusammenhang zwischen mechanischen und elektrischen Größen in kristallinen Materialien [16]. Aufgrund einer mechanischen Spannung T_{jk} wird eine Änderung der Netzebenenabstände des kristallinen Gitters induziert, was das Entstehen einer entsprechenden Ladungsverschiebung zur Folge hat. Unter Einbeziehung des Hookeschen Gesetzes und Gl. 2.2 kann die piezoelektrische Grundgleichung formuliert werden:

$$D_i = d_{ijk}^E \cdot T_{jk} + \varepsilon_{ij}^T \cdot E_j \tag{2.3}$$

Dabei entspricht ε_{ij}^T der absoluten Permittivitätszahl. Der piezoelektrische Effekt ist ebenso umkehrbar. Das Anlegen eines elektrischen Feldes E_k führt durch die Wirkung der äußeren Ladungen zu einer Deformation S_i des Kristalls gemäß der Beziehung:

$$S_{ij} = s_{ijkm}^E \cdot T_{km} + d_{kij}^T \cdot E_k \tag{2.4}$$

Dabei ist s_{ijkm}^E die elastische Nachgiebigkeit. Die hochgestellten Indizes kennzeichnen die konstant gehaltene Größe. Der Faktor d_{kij} wird hierbei als piezoelektrische Deformations- bzw. Ladungskonstante bezeichnet. Voraussetzung für das Auftreten eines piezoelektrischen Effektes ist die Notwendigkeit einer oder mehrerer polarer Kristallachsen. Polare Achsen existieren dabei in Kristallstrukturen ohne Symmetriezentrum. Von den existierenden 32 Kristallklassen besitzen 21 kein Symmetriezentrum, von denen wiederum 20 den piezoelektrischen Effekt aufweisen[1] [17].

---

[1] Die Ausnahme bildet die kubische Kristallklasse 432, welche aufgrund ihrer Gesamtsymmetrie keinen piezoelektrischen Effekt zeigt.

Nur entlang dieser polaren Kristallachsen bewirkt eine Krafteinwirkung durch ein äußeres mechanisches bzw. elektrisches Feld die Entstehung einer Ladung auf der Kristalloberfläche bzw. eine Verschiebung der Gitterionen zueinander. 10 der beschriebenen, nicht punktsymmetrischen Kristallklassen besitzen eine spontane Polarisation in nur einer kristallographischen Richtung. Somit existiert auch ohne Einwirkung äußerer Felder ein permanentes elektrisches Dipolmoment.

Die Richtungsabhängigkeit piezoelektrischer Konstanten

Anhand Gleichung (2.3) bzw. (2.4) wird der tensorielle Charakter des piezoelektrischen Effektes sichtbar. In diesen Grundgleichungen existieren 45 Komponenten der unabhängigen Materialkonstanten s_{ijkm}, d_{kij} und ε_{ij} (21 elastische, 18 piezoelektrische und 6 dielektrische) [2, 18]. Um dies zu vereinfachen, werden unter Ausnutzung der Symmetrieeigenschaft $S_{ij} = S_{ji}$ und $T_{jk} = T_{kj}$ zwei Indizes zu einem zusammengefasst [18]. Hierbei findet folgendes Schema Anwendung:

$$
\begin{aligned}
11 &\rightarrow 1 \\
22 &\rightarrow 2 \\
33 &\rightarrow 3 \\
23 = 32 &\rightarrow 4 \\
13 = 31 &\rightarrow 5 \\
12 = 21 &\rightarrow 6
\end{aligned}
$$

Durch Konvention wird die z-Achse eines kartesischen Koordinatensystems (Richtung 3) als Polungsrichtung festgelegt. Die elektrischen und mechanischen Größen werden entsprechend dem gewählten Koordinatensystem einer der drei

Raumrichtungen 1, 2 oder 3 zugeordnet. Die Scherebenen werden durch die Zahlen 4, 5 oder 6 gekennzeichnet (siehe Abb. 1).

Aus dieser Darstellung können beispielsweise die piezoelektrischen Größen durch eine 3 x 6 Matrix abgeleitet werden [19]:

$$
d_{ij} = \begin{bmatrix} 0 & 0 & 0 & 0 & d_{15} & 0 \\ 0 & 0 & 0 & d_{15} & 0 & 0 \\ d_{31} & d_{31} & d_{33} & 0 & 0 & 0 \end{bmatrix}
\tag{2.5}
$$

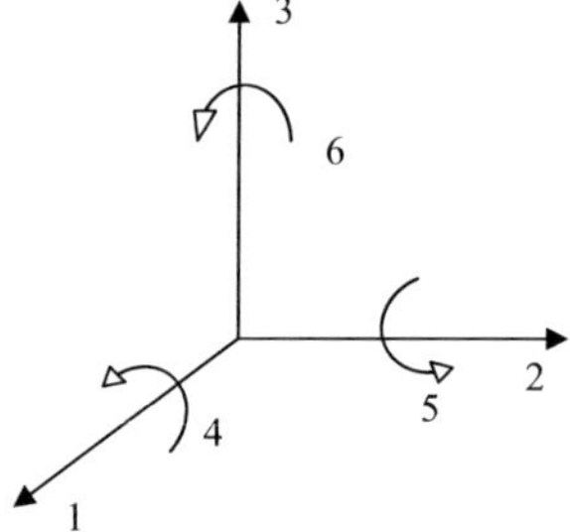

Abb. 1: Koordinatensystem zur Beschreibung der Richtungsabhängigkeit piezoelektrischer Kenngrößen.

Durch diese Konvention kann das piezoelektrische Verhalten allein durch die drei Größen d_{31}, d_{33} und d_{15} beschrieben werden.

Eine besondere Untergruppe der Piezoelektrika bildet die Klasse der ferroelektrischen Materialien. Das Charakteristikum der Ferroelektrizität ist das Vorhandensein mehrerer thermodynamisch äquivalenter Konfigurationen der spontanen Polarisation. Kann nun die Richtung der spontanen Polarisation durch äußere elektrische Felder stabil verändert werden, spricht man von Ferroelektrizität. Die Möglichkeit, diesen physikalischen Effekt beobachten zu können, hängt z.B. von der elektrischen Durchbruchfeldstärke und der Leitfähigkeit des Materials ab [20]. Die Definition der Ferroelektrika beinhaltet somit den Zusatz, dass die Umorientierung der spontanen Polarisation innerhalb eines beobachtbaren Feldstärke-, Druck- und Temperaturfensters liegen muss [21]. Ferroelektrische Keramiken werden dabei von einer Anzahl an typischen Eigenschaften begleitet. In den sich anschließenden Kapiteln wird insbesondere näher auf die Kristallstruktur der Perowskite, der Ausbildung von sogenannten Domänenstrukturen und deren Beeinflussung durch elektrische Felder eingegangen.

2.1.3 Die Perowskitstruktur

Die Verbindungen $PbZrO_3$ und $PbTiO_3$ gehören zu der Strukturfamilie der Perowskite. Der Name Perowskit ist im eigentlichen Sinne die mineralogische Bezeichnung für Kalziumtitanat ($CaTiO_3$), agiert aber gleichzeitig als Namensgeber für alle isomorph kristallisierenden Strukturen. Die allgemeine chemische Summenformel für einen oxidischen Perowskit ist:

$$\left(A_{\alpha_1}^1, \dots, A_{\alpha_x}^n\right)\left(B_{\beta_1}^1, \dots, B_{\beta_y}^m\right)O_3 \tag{2.6}$$

Dabei sind m und n die Wertigkeiten, α und β die molaren Anteile der einzelnen Ionen. Abb. 2 a) stellt eine einfache kubische Perowskiteinheitszelle dar. Im Falle des $PbTiO_3$ besetzen die Pb^{2+}-Ionen den A-Platz und befinden sich somit auf den Eckplätzen des Kubus. Die wesentlich kleineren Ti^{4+}-Ionen befinden sich im Zentrum der Einheitszelle. Die O^{2-}-Ionen besetzen dahingegen die Flächenmitten. Die Pb- und Ti-Ionen bilden zusammen eine kubisch dichteste Packung. Die Pb-Ionen werden jeweils von zwölf Sauerstoffionen umgeben, welche einen Kuboktaeder bilden.

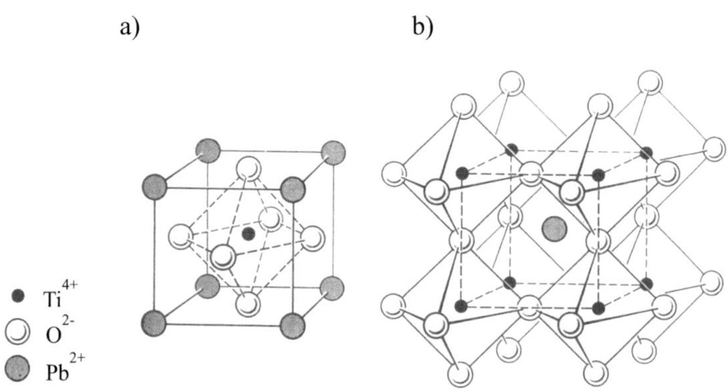

Abb. 2: Darstellung der kubischen Perowskitstruktur des PbTiO$_3$.

Die B-Platz Ionen besitzen dagegen eine Koordinationszahl von 6, was zu einem Sauerstoffoktaeder um den B-Platz führt, siehe Abb. 2 b). Nach der Erstbeschreibung des Minerals Perowskit durch Gustav Rose im Jahr 1840 [22] wurde die Kristallstruktur erstmals durch Goldschmidt einer intensiven Betrachtung unterzogen [23]. Die Stabilität der Perowskitstruktur kann somit durch einen sogenannten Toleranzfaktor abgeschätzt werden, der aus einer koordinations-geometrischen Betrachtung wie folgt beschrieben werden kann:

$$t = \frac{l_1}{l_2} = \frac{r_A + r_O}{\sqrt{2} \cdot (r_B + r_O)} \tag{2.7}$$

Die Gleichung basiert auf einem Vergleich der Länge der Flächendiagonalen der Elementarzelle, zum einen berechnet aus der Summe der Ionenradien in Richtung der Seitenfläche ($l_1 = 2r_A + 2r_O$) und zum anderen berechnet in Richtung der Zellkante ($l_2 = 2\sqrt{r_A} + 2\sqrt{r_O}$). Obwohl diese Gleichung einen rein ionischen Bindungscharakter voraussetzt, können prinzipielle Aussagen über die Stabilität der Perowskitstruktur getroffen werden. Durch die Untersuchung mehrerer hundert verschiedener Perowskitverbindungen können bestimmte, strukturelle Stabilitätsgrenzen aufgezeigt werden [24, 25]. Nach diesem Kriterium bleibt die Perowskitstruktur bis zu einem Toleranzfaktor von $t = 0{,}77$ erhalten. Wird t kleiner, so ist die Korundstruktur des α-Al_2O_3 stabil. Für einen Toleranzfaktor > 1,07 findet ein Wechsel zur Kalzitstruktur statt. Eine Fortführung dieser Überlegungen führt zu den sogenannten „Struktur-Stabilitätskarten", die die Verschiebung der Kationen bzw. Verdrehung der Sauerstoffoktaeder durch die unterschiedlichen Ionenradien erkennen lassen [25-27].

Diese rein geometrischen Überlegungen lassen jedoch keine Schlussfolgerungen auf auftretende physikalische Phänomene zu. Der Schlüssel für ein besseres Verständnis dieser Sachverhalte liegt in dem Charakter der chemischen Bindung. Dies sind insbesondere atomare Bindungskräfte (anziehend und abstoßend) und fernwirkende Coulomb-Kräfte. Dabei wird allgemein angenommen, dass die Balance zwischen den nah und fern wirkenden Kräften mit dem homöopolaren Bindungsanteil der Ti-O Bindung in Zusammenhang steht [1]. Zustandsdichteberechnungen zeigen zudem eine Hybridisierung der 3d-Orbitale und der 2p-Orbitale des Ti-Ions bzw. des O-Ions [28]. Mit dieser Beschreibung lassen sich Phänomene, wie beispielsweise die Verringerung der Curietemperatur im System $Ba_xSr_{1-x}TiO_3$ [2] durch die Substitution von Ba^{2+} durch das kleinere Ion Sr^{2+}, erklären [1, 29]. Konträr zu dieser Überlegung steht das System $Ba_xPb_{1-x}TiO_3$ [20], das sich durch eine deutliche Erhöhung der Curietemperatur bei Substitution von Ba^{2+} durch das kleinere Ion Pb^{2+} auszeichnet. Dies kann nur durch eine starke Hybridisierung zwischen dem 6s Orbital des Pb^{2+}-Ions und dem 2p Orbital des O^{2-}-Ions erklärt werden [1, 30]. Dabei kommt es zur Ausbildung einer pyramidalen Anordnung mit dreieckiger Grundfläche des Pb^{2+} Ions mit seinen nächsten Nachbarn (siehe Abb. 3) [31].

Der durchschnittliche Pb-O Bindungsabstand in $PbTiO_3$ beträgt bei Raumtemperatur 230 pm und ist somit etwas geringer als in der kubischen Modifikation mit einer Bindungslänge von 252 pm. Das Pb^{2+}-Ion befindet sich dementsprechend nicht mehr im Zentrum eines Kuboktaeders. Die Phasenumwandlung führt vielmehr zu der bereits erwähnten pyramidalen Anordnung des Pb-Ions mit den drei nächstumgebenden O-Ionen. Dies entspricht lokaler Dipolmomente in (111) Richtung der Einheitszelle. Die starke Hybridisierung favorisiert weiterhin die Bildung einer tetragonal bzw. rhomboedrisch verzerrten Struktur und die Unterdrückung einer orthorhombischen Modifikation im System $Pb(Zr_{1-x}Ti_x)O_3$.

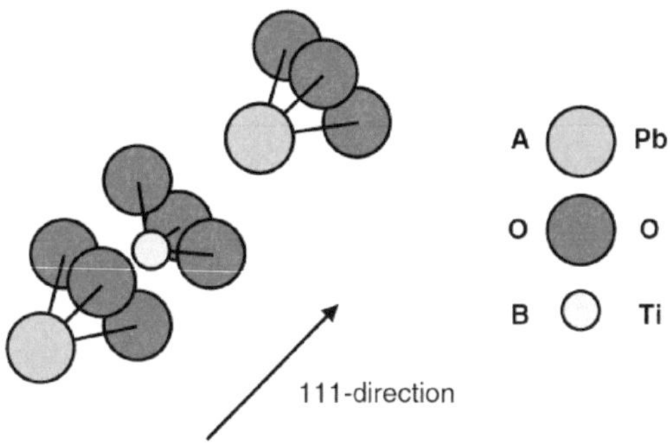

Abb. 3: Lokales Dipolmoment entlang der (111)-Richtung in Pb(Zr,Ti)O₃ [1, 31].

2.1.4   Das pseudobinäre Phasensystem $Pb(Zr_{1-x}Ti_x)O_3$

Die binären Verbindungen $PbZrO_3$ und $PbTiO_3$ bilden ein System vollständiger Mischbarkeit im festen Zustand [20]. Abb. 4 zeigt das PZT-Phasendiagramm zwischen 0°C und 500°C. Diese Darstellung von Jaffe et al. beruht hauptsächlich auf den Arbeiten von Shirane [32-34], Sawaguchi [35], Jaffe [36] und Berlincourt [37]. Das PZT-Phasendiagramm wird aus den beiden Randkomponenten $PbZrO_3$ und $PbTiO_3$ aufgebaut. $PbZrO_3$ zeigt bei

Raumtemperatur antiferroelektrische Eigenschaften und besitzt eine orthorhombisch verzerrte Kristallstruktur mit der Raumgruppe *Pbam*. Die Sauerstoffoktaeder des Kristallgitters zeigen dabei eine Verdrehung entsprechend der Glazer-Notation: $a^0 \, b^- \, b^-$ [38-40]. Innerhalb dieser Elementarzelle mit a = 5,884(1) Å, b = 11,787(4) Å und c = 8,231(2) Å sind die Pb-Ionen antiparallel in [001]-Richtung gegeneinander verschoben, wodurch sich die entsprechenden antiferroelektrischen Eigenschaften erklären lassen [38]. Die Curietemperatur T_C dieser Verbindung liegt bei 230°C [20].

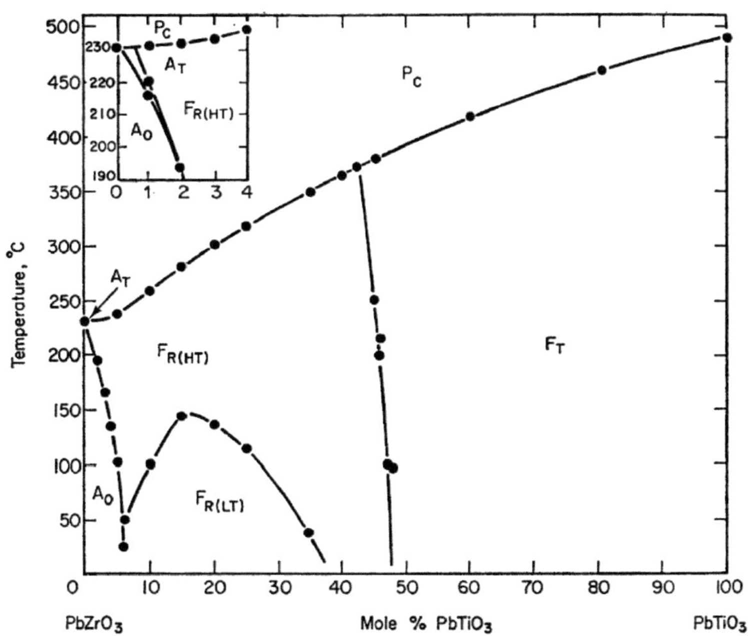

Abb. 4: Phasendiagramm nach Jaffe et al. [20]

Reines $PbTiO_3$ besitzt bei Raumtemperatur eine tetragonal verzerrte Perowskitstruktur mit der Raumgruppe $P4mm$ und den Gitterparametern a = 3,902(3) Å und c = 4,156(3) Å [41, 42]. Dies entspricht einem sehr hohen c/a - Verhältnis von 1,065. Die Struktur des $PbTiO_3$ zeichnet sich dabei durch eine Verschiebung des Pb-Untergitters gegenüber dem Ti-Untergitter aus. Die Differenz der Lage des Ti-Ion im Vergleich zur zentrosymmetrischen Position der Elementarzelle beträgt dabei 0,323 Å [43]. Hierfür werden vor allem die schon bereits erwähnten starken kovalenten Anteile der Pb-O Bindung verantwortlich gemacht [44], welche ebenfalls eine Verdrehung der Sauerstoffoktaeder unterdrücken [41]. Die spontane Polarisation bei Raumtemperatur beläuft sich auf P_S = 0,75 C/m^2 [45], T_C beträgt 490°C [46].

Oberhalb der T_C ist die kubische Modifikation, Abb. 5 a), mit der Raumgruppe $Pm\bar{3}m$ im gesamten Phasendiagramm stabil. Sie besitzt paraelektrische Eigenschaften. Die sechs Richtungen entlang der drei a-Achsen des Gitters sind dabei äquivalent. Innerhalb des Ti-reichen Zusammensetzungsbereiches F_T (Raumgruppe $P4mm$) liegt die Richtung der spontanen Polarisation entlang der c-Achse und entspricht somit einer der sechs möglichen Richtungen in der kubischen Modifikation, siehe Abb. 5 b). Der Zr-reiche Zusammensetzungsbereich wird ab etwa 5 mol% Ti durch eine Hochtemperatur- $F_{R(HT)}$ und Tieftemperaturphase $F_{R(LT)}$ (Raumgruppe $R3m$ bzw. $R3c$) charakterisiert. Anhand Abb. 5 b) bzw. 5 c) ist die Änderung der Richtung der spontanen Verzerrung von [001] im tetragonalen Fall in die [111] Richtung für den rhomboedrischen Fall sichtbar. In diesem Fall existieren acht mögliche Richtungen der spontanen Polarisation im Kristallgitter. Von besonderer Bedeutung ist der Zusammensetzungsbereich um die morphotrope Phasengrenze (MPG) mit einem Ti-Gehalt von x = 46 - 48 mol%, welche die Phasengebiete F_T und $F_{R(HT)}$ voneinander abgrenzt. Der Begriff „*morphotrop*" beschreibt dabei die Änderung der Kristallstruktur aufgrund einer geringen Modifikation der chemischen Zusammensetzung, jedoch ohne Änderung des Formeltyps (ABO_3).

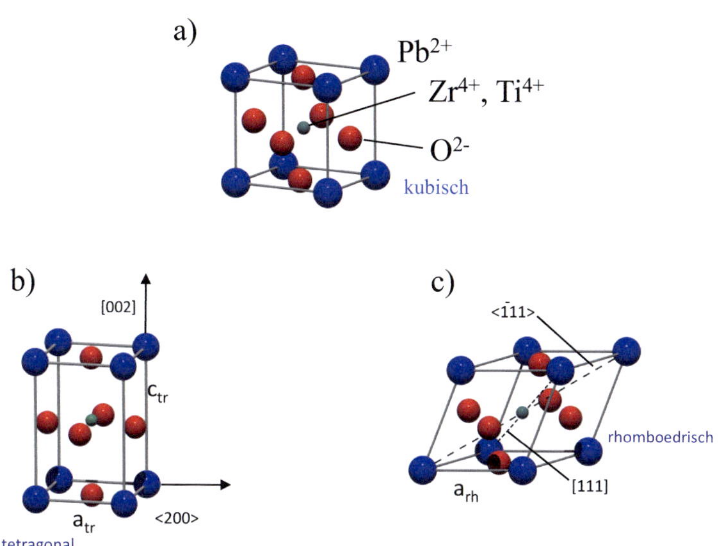

Abb. 5: Schematische Darstellung der Verzerrung der Perowskitstruktur im System PZT.

Nach der Entdeckung besonders hoher piezoelektrischer Eigenschaften im Bereich der MPG [36, 47], wurden zahlreiche Publikationen zur genauen Lage, Kristallstruktur und zu theoretischen Hintergründen veröffentlicht [1, 16, 48-55]. Die Konsequenz war ein Modell der MPG, basierend auf einer Koexistenz der rhomboedrischen und der tetragonalen Phase mit 14 möglichen Richtungen für die spontane Polarisation [51]. Diese Vielzahl an Orientierungsmöglichkeiten gilt als Ursache für das beobachtete Maximum der remanenten Polarisation bzw. der guten piezoelektrischen Eigenschaften. Die Breite der Phasengrenze hängt hierbei im Wesentlichen von der Homogenität bzw. Herstellungsmethode ab [48, 56-59]. Die Breite der MPG variiert nach Angaben der Autoren zwischen 2-15 mol%. Im Allgemeinen werden chemische Inhomogenitäten für diese Breite der MPG verantwortlich gemacht. Es konnte dargestellt werden, dass sich insbesondere durch die Verwendung nasschemischer Herstellungs- methoden deutlich homogenere Proben herstellen ließen als durch eine konventionelle Mixed-Oxid Methode. Dies spiegelte sich in einer schmalen, nur wenige mol% breiten MPG wieder.

Umfangreiche Strukturuntersuchungen zur MPG wurden von Noheda et al. durchgeführt, was zur Entdeckung einer monoklinen Phase mit der Raumgruppe *Cm* führte [60]. Abb. 6 enthält das durch den monoklinen Bereich ergänzte Phasendiagramm [61].

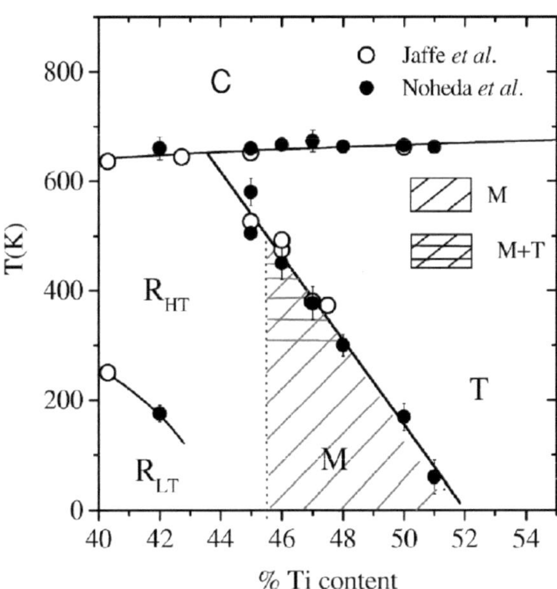

Abb. 6: Phasendiagramm im Bereich der morphotropen Phasengrenze des PZT-Phasensystems nach Noheda et al. [61].

Der Vektor der spontanen Polarisation liegt nicht wie bei der rhomboedrischen oder tetragonalen Phase entlang einer kristallographischen Richtung, sondern entlang einer kristallographischen Ebene. Von einigen Autoren wird somit die monokline Phase als Übergang zwischen der rhomboedrischen und tetragonalen Struktur diskutiert [62]. Weiterhin wurde die Stabilität der monoklinen Phasen unter der Annahme einer zufälligen Zr/Ti Verteilung durch *first-principles* Rechnungen bestätigt [60].

Die Interpretation der Beugungsversuche erfolgt durch eine Rietveldverfeinerung mittels dreidimensionaler periodischer Strukturmodelle. Für PZT-Materialien im Bereich der MPG liefert die Verwendung eines einphasigen monoklinen Modells die niedrigsten R-Werte der Verfeinerung. Aufgrund der komplexen Domänenstruktur für PZT- als auch für $BaTiO_3$-Materialien kann eine Beeinflussung der Röntgenbeugungsexperimente nicht ausgeschlossen werden [63-66]. Elektronenmikroskopische Untersuchungen zeigen ein sehr komplexes Bild von Mikrodomänen mit der Größenordnung 80 – 200 nm und Nanodomänen im Bereich zwischen 5-30 nm [67-69]. Schönau et al. wiesen nach, dass das Auftreten der Nanodomänen mit dem Erscheinen der Beugungsintensität korreliert, die der monoklinen Phase zugeordnet werden kann [70]. Im Gegensatz dazu konnte von Schierholz et al. mittels Elektronenbeugung eine monokline Struktur innerhalb einzelner Domänen nachgewiesen werden [71, 72]. Es ist jedoch nicht möglich, allein durch das Vorhandensein einer komplexen Domänenstruktur, bestehend aus Mikro- und Nanodomänen, auf besonders gute piezoelektrische Eigenschaften zu schließen [73].

2.1.5   Ferroelektrische Domänenstrukturen in PZT-Materialien

Wird ein ferroelektrischer Kristall unter die Phasenumwandlungstemperatur *paraelektrisch-ferroelektrisch* abgekühlt, so führt die elektrisch nicht kompensierte spontane Polarisation zu einem elektrischen Streufeld. Zeitgleich versucht der Kristall sich als Ganzes in polarer Richtung, entsprechend der spontanen Deformation, auszudehnen. Somit entstehen ebenfalls innere, mechanische Spannungen. Die Formierung der Domänen, Bereiche mit homogener Orientierung der spontanen Polarisation bzw. spontanen Deformation, führen zu einer Abnahme der inneren elektrischen und mechanischen Felder, schematische Darstellung siehe Abb. 7 [3, 16, 74-76].

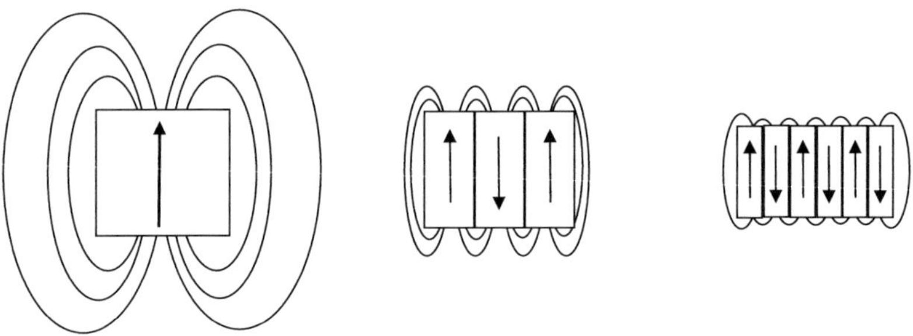

Abb. 7: Verringerung des elektrischen Streufeldes durch Domänenbildung [3].

Die Ausbildung der Domänen hat die Entstehung von Domänenwänden zur Folge, für die wiederum ein konkreter Energiebetrag benötigt wird. Somit stellt sich eine entsprechende Domänengröße ein, die einer minimalen Gesamtenergie des Systems entspricht [77, 78].

Die Orientierung der spontanen Polarisation ist an die Kristallstruktur gebunden. Im System PZT, unter der Annahme einer rhomboedrischen und einer tetragonalen Struktur, sind dies 71°, 109° bzw. 90°. 180° Domänenstrukturen sind für beide Kristallstrukturen möglich. Abb. 8 zeigt eine mittels *Piezo-Force-Microscopy* aufgenommene Domänenstruktur eines grobkörnigen PZT-Materials mit überwiegend tetragonaler Kristallstruktur. Deutlich sind hierbei die unterschiedlichen Domänenkonfigurationen erkennbar. Während 180° Domänen eine irreguläre Struktur besitzen, ist die Anordnung einer 90° Konfiguration stets regelmäßig. Es ist noch zu erwähnen, dass lediglich nicht 180° Domänenkonfigurationen zu einer Verminderung elastischer Energie beitragen [3].

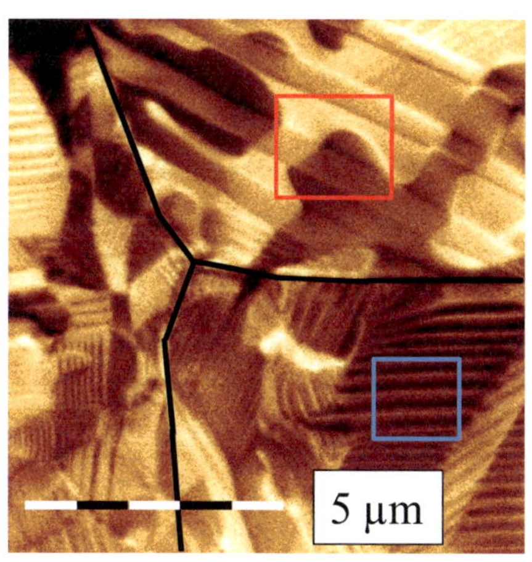

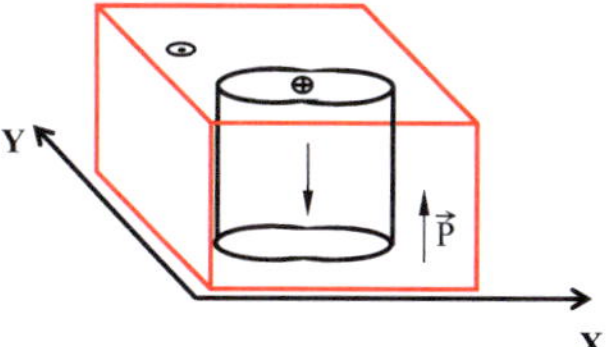

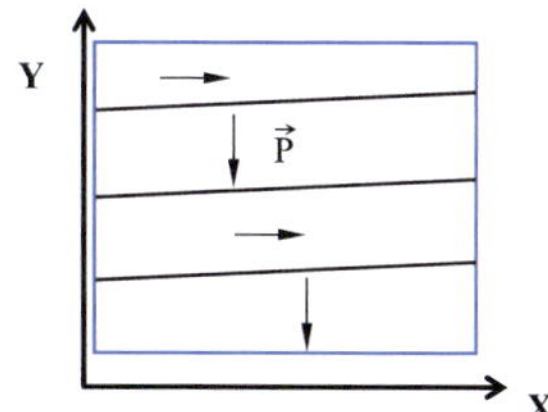

Abb. 8: Mittels *Piezo-Force-Microscopy* aufgenommene Domänenstruktur einer grobkörnigen PZT-Keramik mit 90° und 180° Domänenkonfigurationen.

Eine genauere Betrachtung bezüglich einer 90° und 180° Domänenwand ist in Abb. 9 a) bzw. 9 b) dargestellt. Bei einer 90° Domänenwand bewirkt ein Wechsel der Kristallorientierung einen starken Einfluss auf das mechanische Spannungsfeld [79-81], siehe Abb. 9 a). Es entstehen starke Zug und

Druckspannungen, welche zu einer Änderung der Gitterparameter im Bereich der Domänenwand führen.

a)   b)

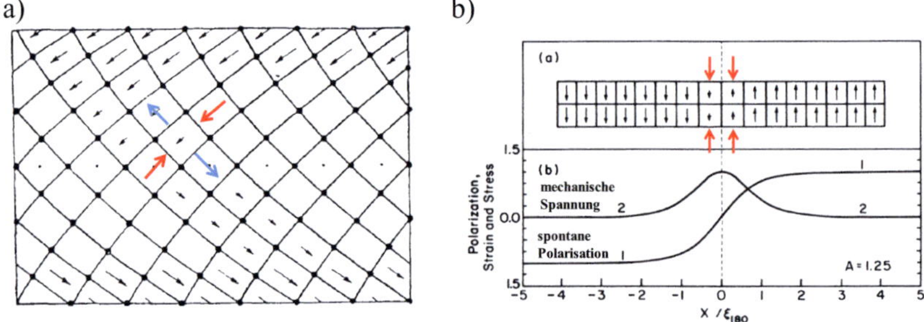

Abb. 9:   a)   **Schematische Darstellung einer 90° Domänenwand. Blaue bzw. rote Pfeile symbolisieren die entstehenden Zug und Druckspannungen [14, 80].**

                 b)   **Oben: Schematische Darstellung einer 180° Domäne mit Bereichen erhöhter mechanischer Spannungen (rote Pfeile). Unten: Änderung der spontanen Polarisation (1) bzw. der inhomogenen, mechanischen Spannungen (2) im Bereich der Domänenwand [82].**

In einer 180° Domänenwand kommt es ebenfalls zu hohen mechanischen Spannungen, die zu einer Änderung in der unmittelbaren Umgebung der Domänenwand führen [82, 83]. Eine Übersicht über die Domänenwanddicke in PZT als auch in $BaTiO_3$ ist in Tabelle 1 gegeben. In der bekannten Fachliteratur erscheinen teilweise recht unterschiedliche Angaben über die Dicke einer Domänenwand, welche unter anderem auch durch die gewählte Untersuchungsmethode beeinflusst wird.

Aus den experimentell ermittelten Ergebnissen für PZT-Materialien lässt sich schließen, dass eine 90° Domänenwand eine Dicke von ≈ 5nm besitzt. Eine 180° Domänenwand besitzt dagegen lediglich eine Dicke von nur 1-2 nm. Dahingegen kommen Meyer et al. in einer ab initio Studie über $PbTiO_3$

Domänenwänden zu dem Schluss, dass beide, 180° als auch 90° Domänen-wände, eine Dicke von lediglich 0,5 nm besitzen [84].

Tabelle 1: Angabe der Domänenwanddicke für PZT bzw. BaTiO$_3$ - Materialien.

Autor	Methode	Domänenwanddicke	Bemerkungen
Goo [80]	TEM	90°: < 8 nm	PZT
Randall [85]	TEM	nicht 180°: 7-10nm	PZT mit rhomboedrischer Kristallstruktur
Matsuura [86]	SNDM	90°: 5.5 nm 180°: 4.0 nm	PbZr$_{0,2}$Ti$_{0,8}$O$_3$ Dünnschicht
Lines [87]	TEM	180°: 1-2 nm	ferroelektrische Dünnschicht
Sonin [78]	Berechnung	90°: 5-10 nm 180°: 0,5-2 nm	BaTiO$_3$
Marton [88]	Berechnung mittels GLD-Theorie	90°: < 5 nm 180°: < 1 nm	BaTiO$_3$
Meyer [84]	ab initio Berechnung	90°, 180°: 0,5 nm	PbTiO$_3$

2.1.6 Klein- und Großsignalverhalten ferroelektrischer PZT-Materialien

Wird an einer ferroelektrischen Keramik das anliegende elektrische Feld erhöht, sind sowohl an den dielektrischen als auch an den elektromechanischen Kenngrößen Nichtlinearitäten zu beobachten. Aus diesem Grund existieren bestimmte Normen, um eine genaue länderübergreifende Definition der Messbestimmungen zu gewährleisten [89]. Hierbei wird unterschieden zwischen einem Kleinsignalverhalten (Feldstärken < $\pm$10 V/mm) und einem Großsignalverhalten (Feldstärken > 100 V/mm).

<u>Dielektrische und piezoelektrische Eigenschaften</u>

Bereits in den 1950er Jahren wurden besonders hohe dielektrische und piezoelektrische Eigenschaften im Bereich der morphotropen Phasengrenze entdeckt [36, 47, 90]. Dabei werden maximale Werte um die Zusammensetzung $PbZr_{0,52}Ti_{0,48}O_3$ erreicht, siehe Abb. 10 a) und b).

a)   b)

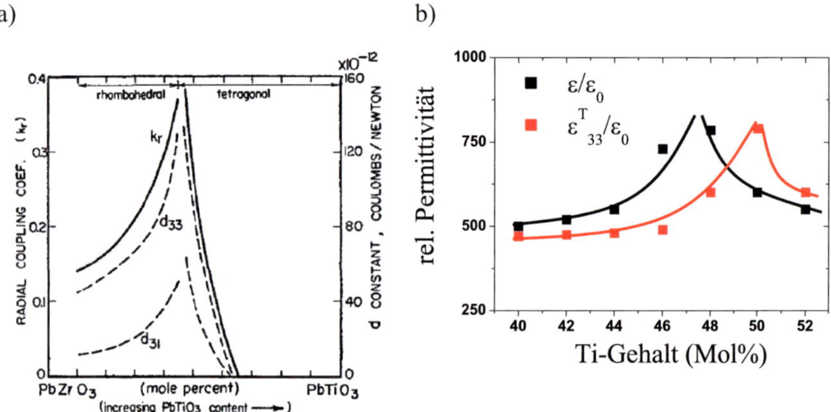

Abb. 10:   **a) Piezoelektrische Ladungskonstante d_{33} und d_{31} bzw. radialer Kopplungsfaktor k_r in Umgebung der morphotropen Phasengrenze für undotiertes PZT [36].**

   b) Relative Permittivität im unpolarisierten $\varepsilon/\varepsilon_0$ und polarisierten $\varepsilon_{33}^T/\varepsilon_0$ Zustand für undotiertes PZT nach [90].

Eine Suche nach der Ursache dieser hohen Kennwerte im Bereich der morphotropen Phasengrenze führte zu dem Versuch, einzelne Wirkungsmechanismen, welche zu dem beobachteten Gesamtbild beitragen, zu trennen und zu beschreiben. Im Wesentlichen kann unter der Einwirkung eines elektrischen Feldes zwischen zwei unterschiedlichen Mechanismen unterschieden werden. Dies ist zum einen die Rotation bzw. Dehnung der spontanen Polarisation innerhalb einer Elementarzelle **(intrinsischer Effekt)** und zum anderen das Schalten bzw. Umklappen ferroelektrischer Domänen aufgrund einer Domänenwandverschiebung **(extrinsischer Effekt)** [15, 91-95].

Die folgende Beschreibung der Änderung der Permittivität richtet sich maßgeblich nach [1, 96-98]. Während der Polung einer ferroelektrischen Keramik erfolgt eine Reorientierung der Polarisationsrichtung der Domänen in Richtung des elektrischen Feldes durch 180° oder nicht 180° (tetragonale Symmetrie: 90°, rhomboedrische Symmetrie: 71° oder 109°) Domänenwand-bewegungen. Domänen mit einer spontanen Polarisationsrichtung günstig zur elektrischen Feldrichtung wachsen auf Kosten ungünstig orientierter Domänen durch die eben genannten möglichen Wandbewegungen. Dies hat ebenfalls eine Änderung der Permittivität der Keramik zur Folge, siehe Abb. 10 b). Im Bereich einer rhomboedrischen Symmetrie verringert sich $\varepsilon_{33}^T/\varepsilon_0$ im gepolten Zustand gegenüber $\varepsilon/\varepsilon_0$ im ungepolten Zustand. ε_{33}^T ist dabei die Permittivität im frei schwingenden Fall (T=0). In der ungepolten Keramik wird ein statistischer Wert der einzelnen Permittivitäten des Kristalls (ε_{33}; ε_{11}) gemessen. Bei der Polung laufen nun 180° und nicht 180° Domänenprozesse ab, die zu einer Vorzugsorientierung der spontanen Polarisation parallel zur Feldrichtung führen. Somit steigt der Einfluss von ε_{33} parallel bzw. ε_{11} senkrecht zur Feldrichtung E_3. Aufgrund $\varepsilon_{33} < \varepsilon_{11}$ nimmt nun die relative Permittivität $\varepsilon_{33}^T/\varepsilon_0$ ab, was für rhomboedrische Zusammensetzungen zutrifft. Für tetragonale Zusammensetzun-gen wird der scheinbare Widerspruch durch das Phänomen des „domain clamping" erklärt, wobei $\varepsilon^S < \varepsilon^T$ [99, 100]. ε^S ist dabei die Permittivität bei konstanter Dehnung der Keramik, was in diesem Fall einem mechanisch geklemmten Zustand entspricht. Die Aufhebung bzw. Verminderung des „domain clamping" führt somit zu der beobachteten Erhöhung von $\varepsilon_{33}^T/\varepsilon_0$. Durch die Polung ist ebenfalls eine Änderung der Gitterparameter bzw. Phasen-gehalte festzustellen [62, 101]. Im Bereich der morphotropen Phasengrenze werden keine Änderungen der Permittivität festgestellt. Bemerkenswert ist ebenfalls die sehr gute Korrelation zwischen der Bestimmung der Lage der Phasengrenze durch XRD-Methoden [3].

Elektromechanische Eigenschaften

Eine wesentliche Rolle für die Untersuchung des elektromechanischen Großsignalverhaltens spielen detaillierte Kenntnisse über die ablaufenden intrinsischen bzw. extrinsischen Wirkungsmechanismen. Abb. 11 a-d liefert eine schematische Darstellung dieser Mechanismen. Wie bereits in Kapitel 2.1.5 erwähnt, sind 180° Domänen rein ferroelektrisch, d.h. sie reagieren nicht auf mechanische Spannungen.

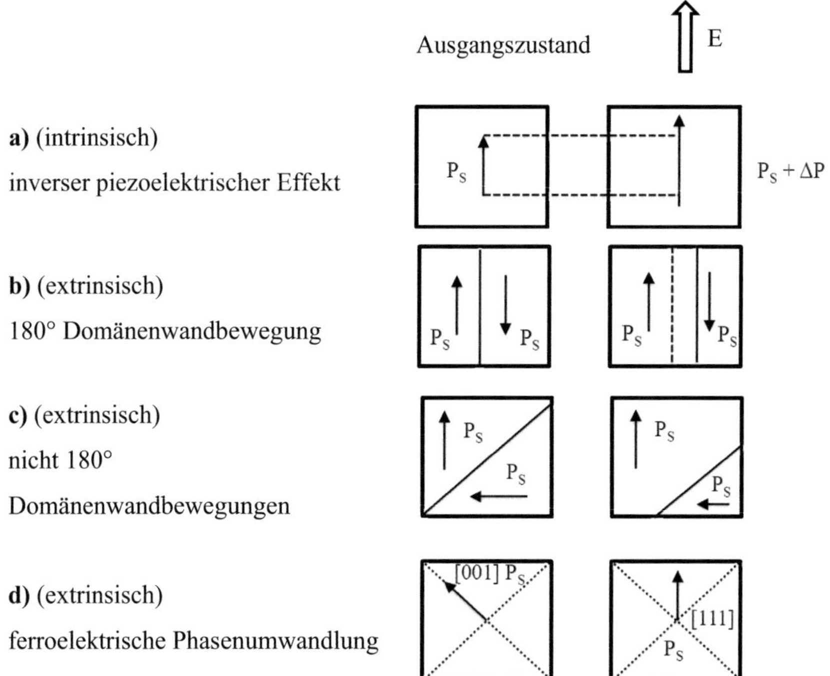

Abb. 11: Intrinsische und extrinsische Effekte in Ferroelektrika unter Einwirkung eines elektrischen Feldes nach [103-105].

Für die elektromechanische Dehnungshysterese ist die Beweglichkeit der nicht 180° Domänenwände von herausragender Bedeutung. Je nach Werkstoff kann der Anteil der extrinsischen Dehnungsanteile 25 - 75% betragen [92, 93, 102].

Im Folgenden wird das elektromechanische und dielektrische Großsignalverhalten einer PZT-Keramik dargestellt. Zur Illustration der bei der Polung auftretenden Prozesse dient eine stark vereinfachte Darstellung der Domänenprozesse in Abb. 12 a). Eine bipolare und dielektrische Hysterese zeigt Abb. 12 b).

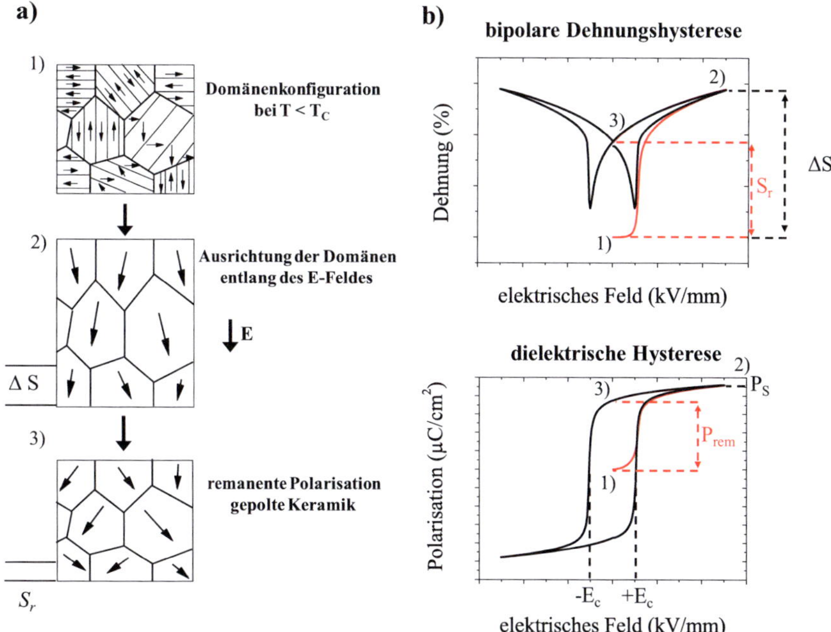

Abb. 12:   **a)** **Schemata einer Reorientierung der spontanen Polarisation durch ein äußeres elektrisches Feld nach [1, 105].**

        b) **Bipolare Dehnungshysterese (oben) und dielektrische Hysterese (unten) einer PZT-Keramik.**

Bei dem erstmaligen Anlegen eines elektrischen Feldes an ein thermisch depolarisiertes Material wird eine so genannte *Neukurve* beobachtet. Sie beginnt in Punkt 1) und verläuft entlang dem rot gekennzeichneten Kurvenverlauf. Anfänglich werden zunächst die Domänen wachsen, welche günstig in Feldrichtung liegen. Dies geschieht in ersten 90° Domänenprozessen, was zu einer Stagnation der Dehnung bzw. sogar zu negativen Dehnungswerten führen kann, während die Polarisation stetig zunimmt, insbesondere im Bereich der Koerzitivfeldstärke E_c. Bei weiterer Zunahme des elektrischen Feldes wird eine Sättigung der Dehnung S_{max} und der Polarisation P_S beobachtet [96]. Dies entspricht Punkt 2) in Abb. 12 b). Der maximale Ausrichtungsgrad der Domänen richtet sich dabei nach den möglichen Domänenprozessen bzw. nach der Kristallstruktur [106, 107].

Unter der Annahme, dass θ^2 den Winkel zwischen der Polarisationsachse einer Domäne gegen das Polungsfeld darstellt, können folgende, maximale Polarisationsgrade angegeben werden [97]:

$$\frac{P_{rem}}{P_S} = \overline{cos\theta} = 0,831 \qquad \text{tetragonal}$$

$$\frac{P_{rem}}{P_S} = \overline{cos\theta} = 0,866 \qquad \text{rhomboedrisch}$$

$$\frac{P_{rem}}{P_S} = \overline{cos\theta} = 0,922 \qquad \text{morphotrope Phasengrenze}$$

Die maximale Polarisation wird sowohl bei tetragonalen als auch rhomboedrischen Keramiken aufgrund einer statistischen Verteilung der Gitterorientierungen der einzelnen Kristallite bzw. Körner nicht erreicht. Eine

---

[2] $\overline{cos\theta}$ entspricht der räumlichen Verteilung der Orientierung der Domänen.

maximale Ausrichtung der Domänen ist an der Abnahme der Hysterese zu erkennen. Zu dem Anteil der extrinsischen Beiträge darf hierbei nicht der Anteil der intrinsischen Beiträge vernachlässigt werden. Werden bei einer weiteren Erhöhung der Feldstärke keine weiteren Domänen mehr orientiert, so wird das Materialverhalten weitgehend durch den piezoelektrischen Effekt dominiert. Besonders signifikant ist dies bei Materialien mit kleinen Koerzitivfeldstärken [108]. Im Allgemeinen gilt für das Aufnehmen der Hysterese das Dreifache der Koerzitivfeldstärke als ausreichend [1, 109]. Wird die Feldstärke bis auf $E = 0$ verringert, Punkt 3) in Abb. 11, so ist eine Abnahme der Dehnung und Polarisation durch Rückorientierungen der Domänen zu erkennen. Die noch verbleibende Dehnung bzw. Polarisation wird als remanente Dehnung S_{rem} bzw. remanente Polarisation P_{rem} bezeichnet. Der Betrag S_{rem} korreliert dabei mit der remanenten Reorientierung der nicht 180° Domänen [1, 91, 102, 105]. Bei weiterer, bipolarer Zyklierung werden die charakteristischen Hystereseschleifen abgebildet.

Bei der Anwendung des PZT als Aktormaterial wird eine unipolare Ansteuerung verwendet, siehe Abb. 13 a). Der Kurvenverlauf entspricht einem quasi piezoelektrischen Verhalten. In einer Veröffentlichung von Pramanick et al. werden diesbezüglich die einzelnen Beiträge zur makroskopischen Dehnung ermittelt [110]. Abb. 13 b) zeigt dies für die Zusammensetzung $PbZr_{0,52}Ti_{0,48}O_3$ dotiert mit 2 mol% Lanthan. Dabei wurde festgestellt, dass sowohl der intrinsische Dehnungsbeitrag, generiert durch eine Elongation der Elementarzelle, als auch der extrinsische Dehnungsbeitrag, hervorgerufen durch nicht 180° Domänenbewegungen, starken Nichtlinearitäten unterworfen sind.

a)
b)

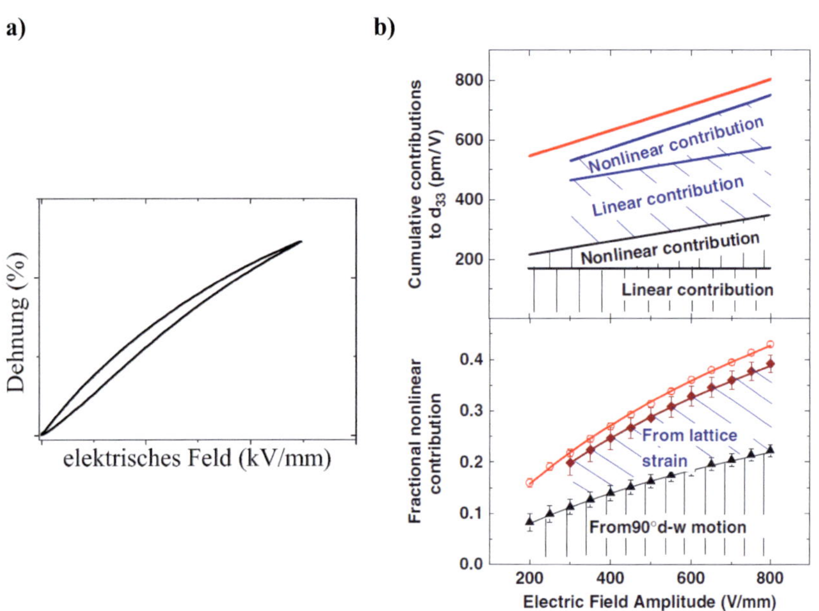

Abb. 13:   **a)   Unipolare Dehnungskurve einer PZT-Keramik.**

             b)   Anteile der einzelnen Wirkmechanismen an der Gesamtdehnung [110].

Die ablaufenden Mechanismen, welche zu der Beobachtung eines makroskopischen Dehnungsverhaltens führen, unterliegen in einem polykristallinen Material einem sehr komplexen Wechselspiel. Hierbei müssen ebenfalls unterschiedliche Längenskalen berücksichtigt werden. So wird die Gitterverzerrung durch ein elektrisches Feld (intrinsischer Effekt) durch nicht 180° Domänenbewegungen beeinflusst [110]. Auf einer größeren Längenskala findet beispielsweise ein Wechselspiel zwischen der Domänenkonfiguration, der Beweglichkeit der einzelnen Domänenspezies und intergranularen elastischen Eigenschaften [111] des Materials statt. Es ist somit nicht unmittelbar möglich, durch phänomenologische Modellbeschreibungen [77, 87, 112-114] das makroskopische Dehnungsverhalten einer polykristallinen Keramik ausreichend zu beschreiben. Besonders die bereits erwähnte Domänenstruktur und Nichtlinearitäten der Domänenwandbewegung bzw. deren gegenseitige Beeinflussung erschweren dies erheblich [110].

Einfluss einer Dotierung („weiche" und „harte" Ferroelektrika)

Bei der Dotierung von PZT-Keramik wird zwischen isovalenten und aliovalenten Ionen unterschieden. Die PZT-Perowskitstruktur lässt dabei, unter Einhaltung bestimmter Radienverhältnisse der Ionen, eine Vielzahl von Elementen zu [26, 115]. Die ersten Untersuchungen des Einflusses einer Dotierung auf die Eigenschaften gehen auf die späten 1950er Jahre zurück [116, 117]. Im Laufe der Jahrzehnte wurden somit eine Vielzahl von unterschiedlichen Dotierungen und Dotierungssystemen untersucht [26]. Eine aliovalente Dotierung wird im Allgemeinen aufgrund ihrer Wirkung auf die piezoelektrischen bzw. elektromechanischen Eigenschaften in zwei Gruppen aufgeteilt. Je nachdem ob nun eine höhervalente (Donator) oder niedervalente (Akzeptor) Dotierung für das zu ersetzende Ion verwendet wird, werden ganz unterschiedliche Eigenschaften beobachtet. Eine Donator dotierte PZT-Keramik besitzt eine niedrige Koerzitivfeldstärke, sehr gute elektromechanische Eigenschaften, niedriges Alterungsverhalten, geringe Leitfähigkeit und einen relativ hohen Verlustfaktor. Ein Akzeptor dotiertes Material besitzt dagegen eine sehr hohe Koerzitivfeldstärke, eine bei Raumtemperatur geringe Dehnung, eine relative hohe Leitfähigkeit, ein ausgeprägtes Alterungsverhalten und einen sehr geringen dielektrischen Verlustfaktor. Aufgrund dieses Eigenschaftsbildes werden die Begriffe „ferroelektrisch weich" und „ferroelektrisch hart" für eine Donatordotierung bzw. Akzeptordotierung verwendet [118]. Das aktuelle Modell zur Beschreibung einer weichen und harten Dotierung geht von einer Wechselwirkung der Domänenwände bzw. von deren Beweglichkeit und dem herrschenden Punktdefektgleichgewicht aus [119-121]. Werden in das Perowskitgitter aliovalente Ionen eingebaut, so muss zur Wahrung der elektrischen Neutralität ein Ladungsausgleich stattfinden. Ein Beispiel für solch eine Ladungskompensation ist in Abb. 14 a) bzw. b) dargestellt.

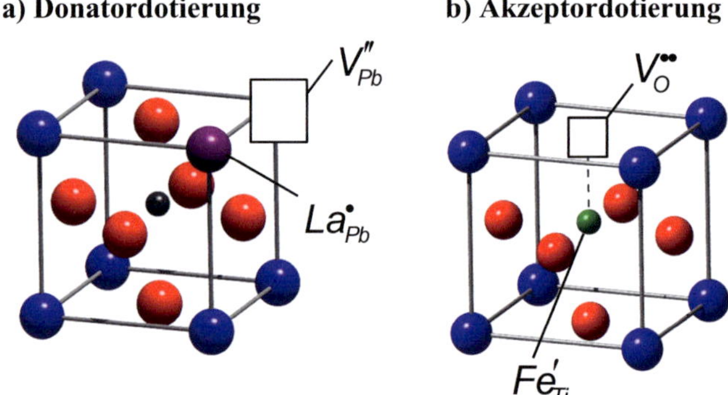

Abb. 14:   a)   **Ladungsausgleich durch die Bildung von Bleivakanzen bei einer Donatordotierung (La auf dem A-Platz.)**

b)   **Ladungsausgleich durch die Bildung von Sauerstoffvakanzen bei einer Akzeptordotierung (Fe auf dem B-Platz).**

Die folgende Darstellung basiert im Wesentlichen auf Eichel et al. [122]. Bei einer Dotierung mit La^{3+} auf dem A-Platz des Perowskitgitters (siehe Abb. 14 a) wird angenommen, dass eine Kompensation durch Bleivakanzen gemäß folgender Defektgleichung entsteht [123-125]:

$$La_2O_3 \xrightarrow{3PbO} 2La_{Pb}^{\bullet} + 3O_O^{\times} + V_{Pb}''$$

(2.8)

Somit wird bei einer Donatordotierung die Anzahl an Bleileerstellen erhöht, gleichzeitig verringert sich die Konzentration der Sauerstoffvakanzen gemäß:

$$2[V_{Pb}''] \approx 2[V_O^{\bullet\bullet}] + [La_{Pb}^{\bullet}] \tag{2.9}$$

Ein Beispiel für eine Akzeptordotierung ist Fe^{3+}, es besetzt aufgrund seines kleinen Ionenradius den B-Platz im Perowskitgitter. Nach neuesten experimentellen Ergebnissen tritt $Fe_{Zr,Ti}'$ nicht isoliert, sondern nur in Kombination mit einer Sauerstoffvakanz auf und bildet ein Defektdipol $\left(Fe_{Zr,Ti}' - V_O^{\bullet\bullet}\right)^{\bullet}$ [126]. Eine defektchemische Formulierung des Einbaus von Fe^{3+} lautet wie folgt [122]:

$$Fe_2O_3 + (V_{Pb}'' - V_O^{\bullet\bullet})^{\times} \xrightarrow{2(Zr,Ti)O_2} 2\left(Fe_{Zr,Ti}' - V_O^{\bullet\bullet}\right)^{\bullet} + V_{Pb}'' + 3O_O^{\times} \tag{2.10}$$

Die korrespondierenden Defektkonzentrationen, auch Kröger-Vink oder Brouwer-Diagramm genannt, sind in Abb. 15 a) bzw. b) dargestellt.

Die erste vertikale Linie in Abb. 15 a) trennt das Diagramm in Bereich I (intrinsisch) und Bereich II (extrinsisch). Innerhalb des ersten intrinsischen Bereiches wird die Erhöhung der La^{3+} Konzentration $[La_{Pb}^{\bullet}]$ durch bereits vorhandene Sauerstoffleer-stellen $V_O^{\bullet\bullet}$ ausgeglichen. In Bereich II erhöht sich die Konzentration der Bleivakanzen $[V_{Pb}'']$ entsprechend der Dotierungskonzen-tration mit dem Anstieg 1. Die zweite vertikale Linie trennt Bereich II von Bereich III und stellt die Löslichkeitsgrenze der Dotierung dar. Eine weitere Zugabe der Lanthandotierung würde in diesem Fall zu keiner weiteren Erhöhung der Bleileerstellenkonzentration führen. Abb. 15 b) zeigt als Beispiel einer PZT-Akzeptordotierung das Kröger-Vink-Diagramm für eine Dotierung mit Fe^{3+} Ionen.

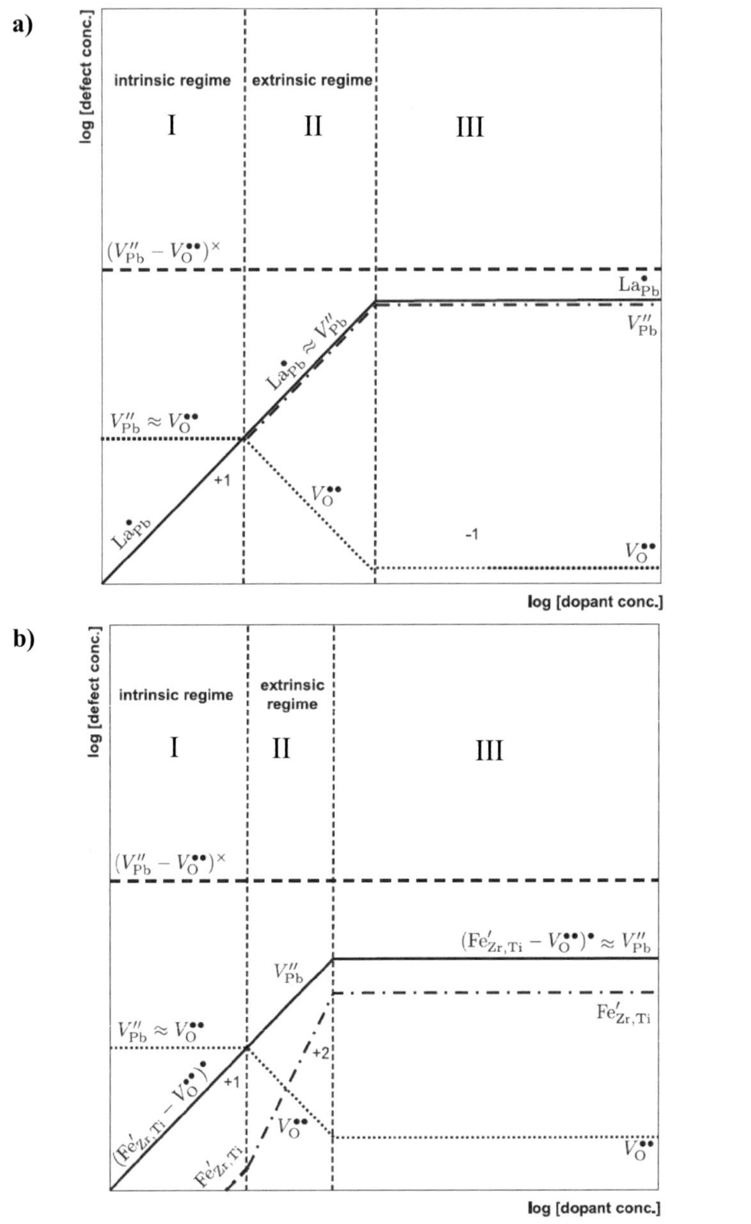

Abb. 15: Darstellung der Defektkonzentration als Funktion der Dotierungskonzentration für eine Donatordotierung a) und eine Akzeptordotierung b) [122].

Äquivalent zu Abb. 15 a) existiert bei steigender Dotierungskonzentration zuerst ein Gebiet mit intrinsisch bestimmter Defektchemie und anschließend ein Gebiet mit extrinsisch bestimmter Defektchemie im Kröger-Vink Diagramm. Aufgrund der Beobachtung, dass Fe^{3+} nur als Komplex $\left(Fe'_{Zr,Ti} - V_O^{\bullet\bullet}\right)^{\bullet}$ auftritt, führt die anfängliche Erhöhung der Fe^{3+} Konzentration zu einer Verminderung der frei vorhandenen Sauerstoffvakanzen. Wird die Dotierungskonzentration weiter erhöht, führt dies zu einem Anstieg an negativ geladenen Bleileerstellen. Ein bemerkenswerter Unterschied zwischen beiden Diagrammen ist das Vorhandensein eines geladenen Dipols, welcher zudem eine Sauerstoffvakanz beinhaltet. Eine weitere Frage, die sich in diesem Zusammenhang stellt, ist die Kompensation dieses Defektassoziats, da es, elektrisch gesehen, wie ein Donator wirkt. Einen möglichen Beitrag für diese Diskussion kann das Phänomen des „Alterns" (eng. „aging") liefern, das bei weich dotierten Materialien nicht auftritt [20]. Eine Erörterung der Defektchemie kann somit nur im Kontext mit beobachteten ferroelektrischen Eigenschaften bzw. mit deren hartem oder weichem Charakter gesehen werden. Die existierenden Modelle für die Wirkung einer Akzeptordotierung basieren maßgeblich auf der Grundlage des Vorhandenseins von Sauerstoffvakanzen, a) einem Festkörpereffekt (Kopplung der Punktdefekte mit der spontanen Polarisation der Elementarzelle) und b) auf einem Domänenwandeffekt (Ansammlung der Defekte an den Domänenwänden: „pinning effect") [121]. Möglicherweise liegt hier der Zusammenhang zwischen dem beobachtete Defektdipol $\left(Fe'_{Zr,Ti} - V_O^{\bullet\bullet}\right)^{\bullet}$ und dem ferroelektrisch harten Materialverhalten, da diese Assoziation die Bindung der sonst sehr mobilen Sauerstoffvakanzen im Kristallgitter darstellt.

Neben der Veränderung der Defektchemie haben Dotierungen ebenfalls einen signifikanten Einfluss auf das Kristallgitter und somit ebenfalls auf das PZT-Phasendiagramm [127, 128]. Daneben beeinflusst eine Variation der Dotierung auch das Sinterverhalten und Kornwachstum [102, 129-132]. Nach der

Aufbereitung zahlreicher Zusammensetzungen mit unterschiedlichen Dotanten, z.B. Sr, K, La, Nb, Fe, Cu, Gd, und Kombinationen, wie z.B. LaSr, LaCuSr, NbCuSr, wird angenommen, dass eine Berechnung des effektiven Bleileerstellen-bzw. Donatorgehalts aus der Summe der Dotierungen möglich ist [133]. Dies geschieht unter der Annahme einer Rekombination zwischen Bleileerstellen (Donatorgehalt) und Sauerstoffvakanzen (Akzeptorgehalt). Eine allgemeine Beschreibung der Dotanten lautet:

$$Donator: D_{\alpha_1}^{n_1}, \cdots, D_{\alpha_x}^{n_x} \tag{2.11a}$$

$$Akzeptor: A_{\beta_1}^{m_1}, \cdots, A_{\beta_y}^{m_y} \tag{2.12b}$$

wobei n und m den Wertigkeiten der Donator- bzw. Akzeptorionen entsprechen und α bzw. β den einzelnen molaren Anteilen der Dotierung. Die Variablen x und y geben die Anzahl der verwendeten Dotanten an. Der effektive Donatorgehalt D_{eff} ergibt sich somit zu:

$$D_{eff} = \sum_{i=1}^{x} \frac{|n_i - v|}{2} \cdot \alpha_i - \sum_{j=1}^{y} \frac{|m_j - w|}{2} \cdot \beta_j \tag{2.13}$$

Die Faktoren v und w entsprechen der jeweiligen Wertigkeit des durch den Dotanten besetzten regulären Gitterplatzes.

Sehr kleine Dotierungsmengen verursachen dabei eine Kompensation der bereits im Überschuss vorhandenen Akzeptorionen bei einem eff. Donatorgehalt von $\approx$ 0,125 mol%, was zu einem intensiven Kornwachstum führt, siehe Abb. 16 [130]. Bei weiterer Erhöhung des Donatorgehalts wird eine Verminderung der

Korngröße beobachtet. Dies führen Hammer et al. auf einen Inhibitoreffekt zurück, ausgelöst durch eine inhomogene Zr/Ti Verteilung [129, 131].

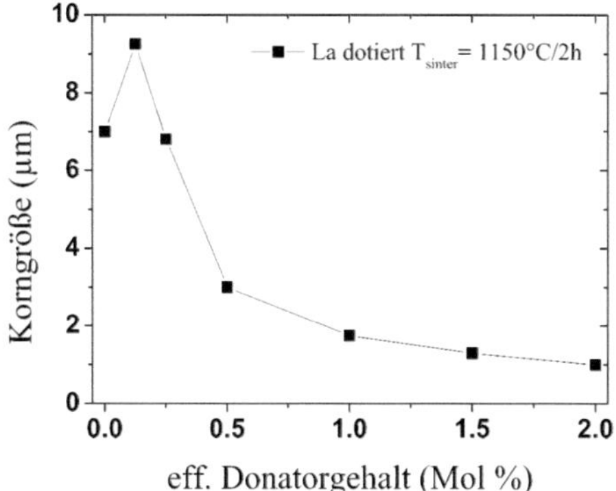

Abb. 16: Einfluss der Dotierung auf das Kornwachstum Donator dotierter PZT-Keramik [102, 130, 131].

2.2 Einfluss der Korngröße auf die Eigenschaften von PZT-Keramiken

2.2.1 Einfluss auf die Domänenstruktur

Wie bereits in Kapitel 2.1.5 einleitend beschrieben, ist die Entstehung der ferroelektrischen Domänen mit dem Abbau mechanischer Spannungen, hervorgerufen durch die spontane Deformation bei Abkühlung unter T_C, verbunden. Anhand zahlreicher Veröffentlichungen über Domänen-konfigurationen in $BaTiO_3$ und PZT zeigt sich ein generelles Bild für den Einfluss der Korngröße auf Domänenstrukturen [15, 66, 79, 85, 134, 135]. Werden bei Korngrößen > 10 μm für $BaTiO_3$ und > 1-2 μm für PZT komplexe Strukturen bestehend aus 180° und nicht 180° Domänenkonfigurationen beobachtet, siehe Abb. 17 b), so tritt bei kleinen Korngrößen, < 1μm für $BaTiO_3$ und < 1μm für PZT, eine einfache lamellare 90° Domänenstruktur auf, siehe Abb. 17 a).

a)   b)

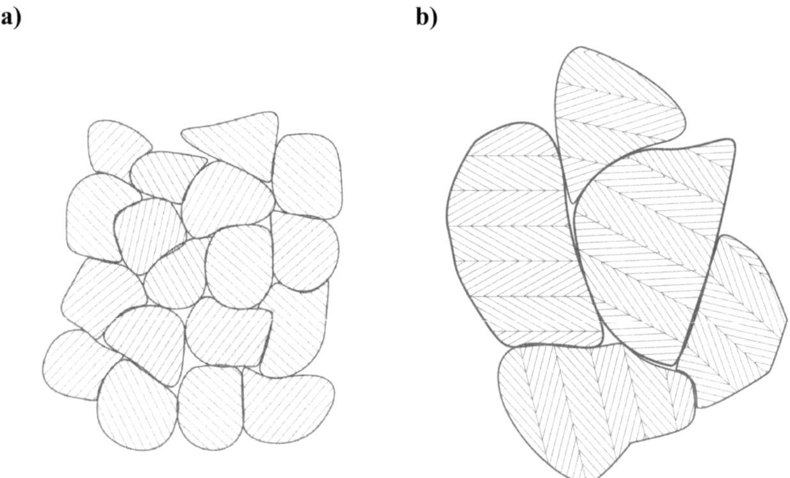

Abb. 17: Schematische Darstellung einer lamellaren Domänenstruktur für feinkörnige a) und grobkörnige b) $BaTiO_3$-Keramiken [3].

Eine umfangreiche Beschreibung für diese Änderungen wurde von Arlt et al. formuliert [136]. Das Modell, entwickelt für $BaTiO_3$, basiert auf einer Energieminimierung mechanischer Spannungen innerhalb eines Korns. Der generelle Formalismus für die Energieminimierung besitzt dabei die Form:

$$w_{tot} = w_M + w_E + w_W + w_S = Minimum \qquad (2.14)$$

mit w_M = elastische Energie, w_E = elektrische Energie, w_W = Domänenwandenergie und w_S = Oberflächenenergie. Aus diesem Modell konnten die Autoren einen Zusammenhang ableiten, der mit den experimentellen Befunden im Allgemeinen übereinstimmt. Es wurden zwei kritische Korngrößen abgeleitet, ab denen eine Änderung der Domänenstruktur eintritt, siehe Abb. 18 a) [137]. Bei Unterschreiten der kritischen Korngröße g_{crit_2} wandelt sich die Domänenstruktur von einer komplexen 3-Dimensionalen Konfiguration in eine einfache lamellare Struktur um. Wird jedoch g_{crit_1} unterschritten, treten keine Domänen mehr auf. Die Berechnung der kritischen Korngrößen ergab:

$$g_{crit_1} = \frac{\sigma_{90}}{2kc\beta_1^2} \approx 40nm \qquad (2.15a)$$

$$g_{crit_2} = \frac{8\sqrt{2}k_1 c_1}{(kc)^2 \beta_1^2} \approx 5\mu m \qquad (2.15b)$$

Hierbei entsprechen σ_{90} der 90° Domänenwandenergie pro Volumeneinheit, β einem Verzerrungswinkel $(\beta_1 \approx (c/a) - 1)$ und k bzw. c elastischen Konstanten. Die gefundenen Werte für g_{crit_1} und g_{crit_2} von 40 nm bzw. 5 µm weichen nur geringfügig von den experimentell bestimmten Korngrößen ab, unter Berücksichtigung der für das Modell notwendigen Vereinfachungen [136]. Für PZT-Materialien liegt dagegen die Änderung des Domänenaufbaus von einer komplexen hin zu einer einfach lamellaren Struktur bei einer Korngröße von etwa g_{crit_2} = 1-2 µm. Dies könnte, im Vergleich zum BaTiO$_3$, durch ein größeres c/a-Verhältnis bzw. durch eine höhere spontane Polarisation zu erklären sein [136]. Neben der Änderung der Domänenkonfiguration tritt ebenfalls eine Verringerung der Domänengröße bei kleiner werdender Korngröße ein [15, 66, 85, 137, 138]. Dies trifft für PZT in gleichem Maße zu, wie für BaTiO$_3$. Der Zusammenhang zwischen Korngröße g und Domänengröße d folgt dabei einem parabolischen Kurvenverlauf:

$$d \propto (g)^m \tag{2.16}$$

Dies wurde durch mehrere Autoren auch theoretisch bestätigt [66, 139, 140]. Der Koeffizient m entspricht dabei 0,5. Abb. 18 b) zeigt dies für BaTiO$_3$ und unterschiedliche PZT-Zusammensetzungen.

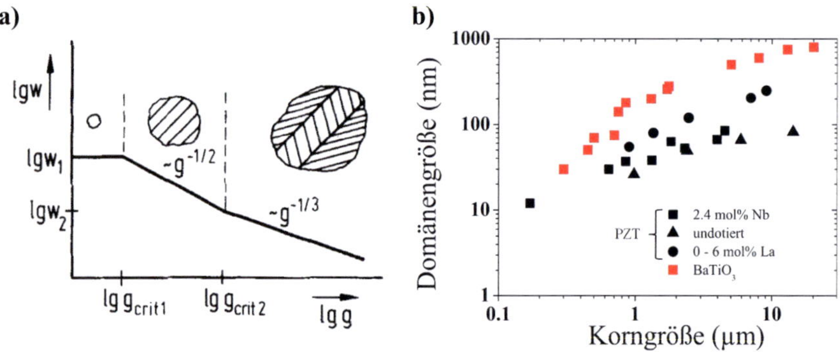

Abb. 18: Schematische Darstellung des Einflusses der Korngröße auf die Domänenkonfiguration von BaTiO$_3$ a) und Domänengröße für BaTiO$_3$ und PZT b) [15, 66, 137, 138, 141].

PZT-Materialien mit einer Korngröße unterhalb 1 μm zeigen eine Domänengröße von nur noch 30 nm [138]. Dies ist bemerkenswert im Hinblick auf die Tatsache, dass für eine 90° Domänenwand bzw. für den Bereich der durch eine 90° Domänenwand beeinflusst wird, etwa 5 nm angenommen werden können. Bei einer weiteren Verringerung der Domänengröße erhöht sich der Volumenanteil der Domänenwände weiter und trägt somit ebenfalls zu einer Beeinflussung der Materialparameter bei.

2.2.2   Einfluss auf die Kristallstruktur

Die weitere Verringerung der Domänengröße hat ebenfalls Auswirkungen auf die internen Spannungsfelder eines Korn bzw. einer jeden Elementarzelle des Kristallits. Nach Arlt stehen bei großen Korngrößen ($\approx$ 10 μm) etwa 7% des Volumens unter Spannungen, bei 100 nm sind es bereits 70% [136]. Weiterhin steigt die Domänenwanddichte an, was den Anteil an unter mechanischer Spannung stehenden Elementarzellen zusätzlich erhöht. Diese auftretenden Spannungen wirken der spontanen Verzerrung entgegen und verringern somit das c/a-Verhältnis des Kristallgitters [15, 102, 142-145]. Dabei wirken sich mechanische Spannungen besonders in c-Richtung bzw. in die Richtung der spontanen Polarisation aus. Einflüsse ferroelektrischer Domänen auf das Röntgendiffraktogramm wurden von Floquent et al. diskutiert [63, 146]. Sie kamen zu dem Schluss, dass durch gerichtete Spannungen im Bereich der Domänenwände ein zusätzlicher Intensitätsbeitrag geliefert wird. Dies bewirkt möglicherweise die beobachtete Änderung der Reflexintensitäten [147, 148], was von den Autoren unter anderem als eine Verschiebung der MPG in Richtung tetragonaler Zusammensetzungen diskutiert wurde. Eine vergleichbare Interpretation findet Lange und erklärt somit die Abnahme des c/a-Verhältnisses bei kleiner werdender Korngröße in Nd dotierter PZT-Keramik [14].

2.2.3 Einfluss auf dielektrische und ferroelektrische Eigenschaften

Aufgrund der besonderen Eignung des BaTiO$_3$ für dielektrische Anwendungen, wurden bereits in den 1950er Jahren Untersuchungen zur Analyse der Gefüge-Eigenschaftsbeziehungen durchgeführt. So berichteten 1954 Kneipkamp und Heywang von einer sehr hohen Dielektrizitätskonstante feinkörniger BaTiO$_3$ Keramiken [150]. Eine Darstellung dieser Abhängigkeit ist in Abb. 19 gegeben.

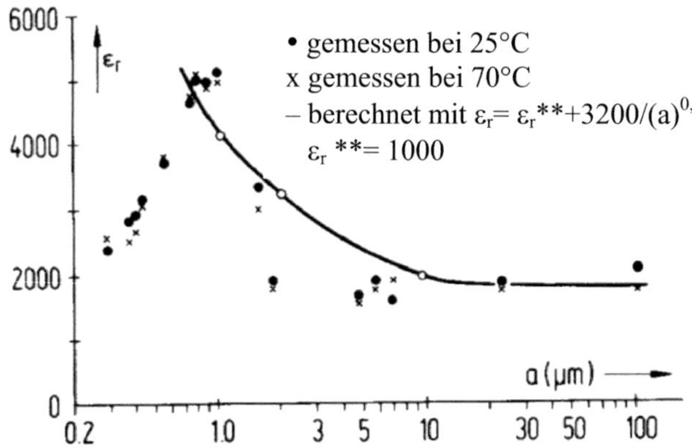

Abb. 19: Relative Permittivität als Funktion der Korngröße für reines BaTiO$_3$ [149].

Zahlreiche Autoren interpretieren dies als unmittelbare Auswirkung einer Änderung der Domänenstruktur bzw. Domänengröße als Funktion der Korngröße [151], da bei etwa 1 µm Korngröße der bereits unter 2.2.1 beschriebene Wechsel der Domänenstruktur stattfindet. Somit wird die Erhöhung der Permittivität auf zusätzliche Domänenwandbeiträge zurückgeführt. Unterhalb 0,7 µm fällt die Permittivität wiederum ab. In diesem Zusammenhang werden Effekte eines „domain clamping" bzw. des Rückgangs an Domänenwandbeiträgen zur Permittivität diskutiert. Weiterhin wurde bei einer weiteren Abnahme der Korngröße < 0,3 µm auch eine Verminderung des c/a-Verhältnisses und der Curietemperatur nachgewiesen [145], wodurch das „interne Spannungsmodell" von Arlt unterstützt wird [136]. Es können jedoch von den bisherigen Modellen nur Teilaspekte der experimentellen Befunde eindeutig beschrieben werden, was das komplexe Zusammenspiel zwischen dem Gefüge bzw. der Korngröße und den ferroelektrischen Eigenschaften noch einmal unterstreicht [151].

Für PZT-Materialien ergaben die bisherigen Untersuchungen keine vergleichbare Abhängigkeit der Permittivität von der Korngröße. Hierbei spielt jedoch auch die Qualität der untersuchten Probe eine nicht zu unterschätzende Rolle, da bei feinkörnigen Materialien oftmals nur eine geringere Dichte oder chemische Homogenität der Keramik erreicht wird und dies die Materialeigenschaften stark beeinflussen kann [152, 153].

Eine Möglichkeit für die Untersuchung von Domänenwandbeiträgen bzw. Domänengrößen für PZT-Materialien bietet die Analyse der Frequenzabhängigkeit der komplexen Permittivität. $BaTiO_3$ und PZT besitzen eine starke Frequenzabhängigkeit bzw. einen steilen Abfall von ε', gekoppelt mit einem Maximum der dielektrischen Verluste im Bereich zwischen einigen hundert Megahertz bis in den Gigahertz-Bereich [154-160]. Der steile Abfall von ε' wird dabei mit drei wesentlichen Mechanismen in Verbindung gebracht [161]: 1) piezoelektrische Resonanz eines Korns [162], 2) Schallabstrahlung der Domänenwände einer lamellaren Domänenstruktur [113] und 3) Vibration von Domänenwänden [163]. Unter der Annahme einer Schallabstrahlung von Domänenwänden innerhalb einer lamellaren Domänenstruktur wurden von Arlt et al. ein entsprechendes Modell entwickelt [155]. Eine 90° Domänenwand ist in einem elastischen bzw. dielektrischen Medium eingebettet. Das Anlegen eines elektrischen Feldes verursacht eine Verschiebung der Domänenwand, welche bei der Frequenz f_r des Wechselfeldes ein Relaxationsverhalten hervorruft. Aufgrund dieser Voraussetzungen ergibt sich eine gute Annäherung der berechneten Permittivität ε' bzw. der dielektrischen Verluste ε'' an das gemessene Spektrum von BaTiO$_3$, siehe Abb. 20 a), wobei die Relaxationsstufe $\Delta\varepsilon$ laut Gl. (2.17) von der spontanen Polarisation P_0, der spontanen Verzerrung des Perowskitgitters S_0 und der elastischen Konstante c_{55} abhängt. Die Relaxationsfrequenz f_r wird entsprechend Gl. (2.18) lediglich durch die Größen c_{55}, die Dichte ρ und die Domänengröße d bestimmt. Somit ergibt sich aus diesem Modell eine inverse Proportionalität zwischen f_r und der Domänengröße d. Da wiederum d mit der Korngröße der Keramik skaliert, ergibt sich auch ein invers proportionaler Zusammenhang zwischen g und f_r zu $f_r^{-1} \propto \sqrt{g}$.

a)

b)

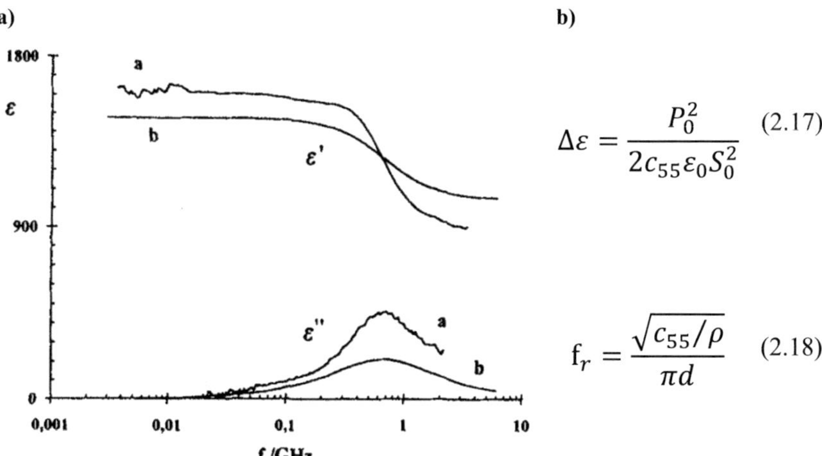

$$\Delta\varepsilon = \frac{P_0^2}{2c_{55}\varepsilon_0 S_0^2} \quad (2.17)$$

$$f_r = \frac{\sqrt{c_{55}/\rho}}{\pi d} \quad (2.18)$$

Abb. 20: a) **Gemessenes (a) und berechnetes (b) Dispersionsspektrum für BaTiO$_3$ und b) mathematische Beschreibung der Relaxationsstufe $\Delta\varepsilon$ (2.14) bzw. der Relaxationsfrequenz f_r (2.15) [155].**

Zwar wurden von Arlt et al. die Dispersionsspektren zweier verschiedener BaTiO$_3$- und PZT-Keramiken verglichen und eine Verschiebung von f_r zu höheren Frequenzen bei kleinerer Korngröße festgestellt, eine systematische Untersuchung, um $f_r^{-1} \propto \sqrt{g}$ zu verifizieren, wurde jedoch nicht durchgeführt.

Intensive Untersuchungen zu Domänenwandbeiträgen bzw. zum Dispersionsverhalten der komplexen Permittivität an weich und hart dotierten PZT-Materialien wurden von Jin, Porokhonskyy und Damjanovic durchgeführt [121, 161, 164-167]. Anhand der logarithmischen Frequenzabhängigkeit von ε' analysierten sie den Einfluss Donator- bzw. Akzeptor dotierter PZT Materialien, siehe Abb. 21.

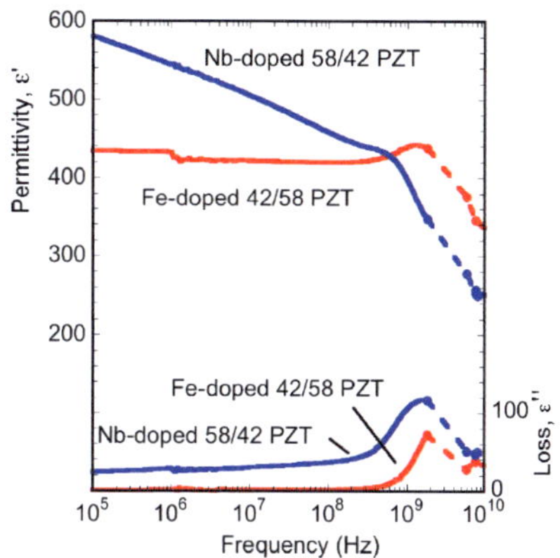

Abb. 21: ε' **und** ε'' **für Nb und Fe dotiertes PZT als Funktion der Frequenz [161].**

Dieser Zusammenhang lässt sich nach Jin mit folgender Gleichung beschreiben [121]:

$$\varepsilon' = \varepsilon'_0 - \alpha \log (f) \qquad (2.16)$$

Hierbei beschreibt ε'_0 eine Konstante, α charakterisiert die Steigung der logarithmischen Dispersion. Der deutliche Unterschied von α zwischen der weich und hart dotierten Keramik wird dabei auf eine Erhöhung von Domänenwandbeiträgen zurückgeführt [161]. Eine Untersuchung des Korngrößeneinflusses auf α wurde jedoch nicht durchgeführt. Untersuchungen zum piezoelektrischen Verhalten zeigen einen generellen Trend verminderter Eigenschaften bei sinkender Korngröße [15, 100, 102, 144, 147, 168, 169]. Abb. 22 zeigt die fallende piezoelektrische Ladungskonstante d_{33} und die steigende Koerzitivfeldstärke E_c bei sinkender Korngröße [15].

Randall et al. kommen zu dem Schluss, dass bei geringer werdender Korngröße eine Hemmung der Domänenwandbewegung stattfindet. Zudem wird der Abfall des d_{33} einer Unterdrückung der intrinsischen piezoelektrischen Eigenschaften durch die Zunahme einer gegenseitigen mechanischen Klemmung der einzelnen Körner zugeschrieben. Von den Autoren wurde eine kritische Korngröße von $g_{crit} = 0,8\ \mu m$ bei einer Dotierung von 0,4 mol% Nb festgestellt. Neben dem Einfluss auf intrinsische und extrinsische Eigenschaften zeigt die paraelektrisch - ferroelektrische Phasenumwandlung ebenfalls eine Korngrößenabhängigkeit [15, 168-171]. Hierbei wird eine Zunahme des Curiepunktes T_c mit sinkender Korngröße und eine Verbreiterung der $\varepsilon - T$ Kurve festgestellt. Eine einheitliche Erklärung ist jedoch nicht zu finden. Einige Autoren begründen dies mit der Zunahme von Raumladungen [15, 169], andere wiederum mit einer zunehmenden diffusen Phasenumwandlung aufgrund höherer innerer mechanischer Spannungen [171].

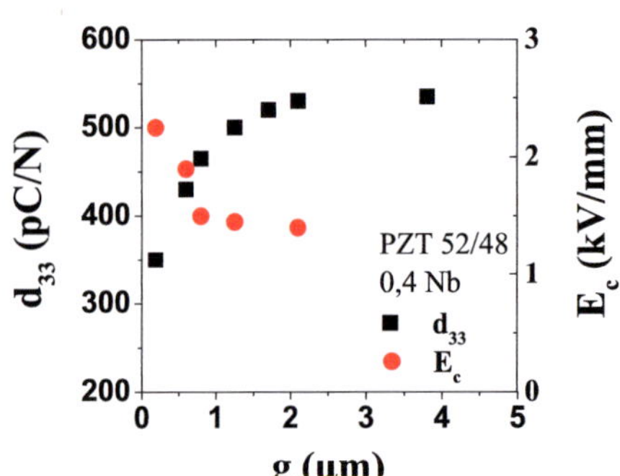

Abb. 22: Piezoelektrische Ladungskonstante d_{33} und Koerzitivfeldstärke E_c für Nb dotiertes PZT nach [15].

2.2.4 Modellbeschreibungen

In den vorangegangenen Kapiteln 2.2.1 - 2.2.3 wurde schon mehrfach ein Bezug zwischen den beobachteten experimentellen Befunden und einer Vorstellung hergestellt, die den Einfluss der Korngröße auf innere mechanische Spannungen im Gefüge der Keramik zurückführt. Dieses **Modell der inneren Spannungen** wurde bereits in den 1960er Jahren von Buessem, Cross und Goswami eingeführt, um die hohe Permittivität feinkörniger $BaTiO_3$-Keramiken zu erklären [172]. Detaillierte Untersuchungen wurden ebenfalls von Arlt et al. durchgeführt, die das Modell erheblich erweiterten [66, 136, 137, 173, 174]. Basis dieser Formulierung des Korngrößeneffektes bildet die Energiebetrachtung in Gl. 2.14. Eine sinkende Korngröße führt damit zu einer Klemmung der Körner in allen drei Raumrichtungen und somit zu einer lamellaren, von 90° Domänen geprägten, Domänenstruktur, die wiederum durch lokale mechanische Spannungen an den Domänenwänden charakterisiert ist[3]. Ausgehend von dieser Darstellung lassen sich ebenfalls Korngrößeneffekte in PZT Materialien erklären [15]. Eine weiteres Modell beruht auf einer Ansammlung von **Defekten an den Korngrenzen** der Keramik [168]. Die Ansammlung von Defekten, wie z.B. Sauerstoffvakanzen, Dotierungs- bzw. Fremdatomen, führt zu einer Verringerung der Domänenwandmobilität durch so genannte „pinning-Vorgänge". Ein drittes Model nutzt als Ansatz das **Entstehen von Raumladungen** bzw. inneren elektrischen Feldern [169]. Diese werden bei einer genügend hohen Korngröße durch die Entstehung ferroelektrischer Domänen reduziert, äquivalent zu den entstehenden mechanischen Spannungen. Bei geringer Korngröße können diese jedoch nicht vollständig reduziert werden und beeinflussen somit nicht nur die Ausbildung der Domänen unterhalb T_C, sondern ebenfalls die Mobilität der Domänen, womit unter anderem die auftretenden hohen Koerzitivfeldstärken erklärt werden.

---

[3] Für eine lamellare 90° Domänenstruktur resultieren ebenfalls hohe mechanische Spannungen im Bereich der Korngrenze der Keramik [130, 131].

3 Experimentelle Durchführung

Das Kapitel beschreibt zu Beginn die in dieser Arbeit verwendeten Untersuchungsmethoden. Aufgrund der Verwendung nanoskaliger Zr-Ti-Präkursoren wird im zweiten Teil des Kapitels eingehender auf die Synthese der PZT Materialien eingegangen.

3.1 Pulvercharakterisierung

Zur Begleitung und Optimierung des Herstellungsprozesses wurden die Pulver entsprechend ihrer Korngröße, spezifischen Oberfläche und ihres kristallinen Phasenbestands untersucht. Dazu wurden während der einzelnen Syntheseschritte BET, Röntgenpulverdiffraktometrie und Partikelgrößenbestimmung mittels Laserbeugung durchgeführt.

BET-Oberflächenbestimmung

Für die Bestimmung der spezifischen Oberfläche wurde ein entsprechendes Sorptionsverfahren verwendet, bei dem man Adsorptions- bzw. Desorptionsvorgänge an der zu bestimmenden Oberfläche ausnutzt. Geringe Mengen der kalzinierten Pulver wurden in Glasröhrchen abgefüllt, getrocknet und anschließend in einer BET des Typs Flow Sorb II 2300 (Fa. Micromeritics) untersucht. Es wurden die Desorptionswerte zur Berechnung der spezifischen Oberfläche verwendet. Aus der spezifischen Oberfläche O_{sp} lässt sich die durchschnittliche Partikelgröße wie folgt abschätzen:

$$d_{50,BET} = \frac{6}{\rho \cdot O_{sp}}$$

(3.1)

Hierbei entspricht ρ der Dichte des Pulvers.

Bestimmung der Partikelgröße durch Laserbeugung

Die Bestimmung der Partikel bzw. Agglomeratgröße erfolgte mittels Lasergranulometer Cilas 1064 (Fa. Quantachrome). Dazu wurden 0,5 g der Pulver bzw. 0,2 – 0,5 ml Suspensionslösung während der Attritormahlung entnommen und mit 30 ml einer Natriumpyrophosphatlösung aufgefüllt. Nach einer 1-2 minütigen Ultraschallhomogenisierung wurde die Messung durchgeführt. Aufgrund des unbekannten Lichtbrechungsindexes wurde auf eine Mie - Korrektur verzichtet.

Röntgenpulverdiffraktometrie

Für die kristallographische Phasenanalyse wurden Diffraktogramme mit einem Röntgendiffraktometer D500 (Fa. Siemens) in einem Winkelbereich zwischen 15-70° 2Θ mit einer Schrittweite von 0,02° 2Θ und 8 sec Messzeit aufgenommen. Es wurde $Cu_{k_{alpha}}$ - Strahlung verwendet (40kV, 25 mA). Für die Identifizierung der Phasen wurden die Diffraktogramme mit der JCPDS-Datenbank abgeglichen.

3.2 Dilatometrie und Dichtebestimmung gesinterter Proben

<u>Dilatometrie</u>

Die Untersuchungen zum Schwindungsverhalten wurden mit einem horizontalen Schubstangendilatometer der Fa. Netzsch durchgeführt. Vor Beginn der Messungen erfolgte eine Saphirkorrekturmessung, um Einflüsse durch die Peripherie des Dilatometers bzw. thermische Störeinflüsse ausschließen zu können. Es wurde eine Aufheizrate von 5°C/min und eine Maximaltemperatur von 1200°C verwendet.

<u>Dichtebestimmung</u>

Die Dichte der gesinterten Körper ρ_s wurde nach dem Archimedes-Auftriebsverfahren in deionisiertem Wasser durchgeführt. Die Dichte wurde dabei wie folgt berechnet:

$$\rho_s = \rho_W \frac{m_{tr}}{\left(m_f - m_W\right)} \tag{3.2}$$

Dabei ist ρ_W die Dichte des Wassers, m_{tr} das Trockengewicht, m_W das Auftriebsgewicht und m_f das Feuchtgewicht der Probe. Für die Berechnung der relativen Dichte wurde eine theoretische Dichte von 8,0 g/cm^3 angenommen.

3.3 Mikroskopische Verfahren

<u>Rasterelektronenmikroskopie und keramographische Präparation</u>

Die Beurteilung der hergestellten Pulver sowie des keramischen Gefüges wurde mit einem Rasterelektronenmikroskop (Stereoscan 440, Fa. Leica) vorgenommen. Für die Auswertung der Korngröße erfolgte eine klassische keramographische Präparation. Nach dem finalen Polierschritt mit einer Diamantkörnung von 0,25 µm wurde eine chemische Ätzung durchgeführt. Hierbei wurde eine Lösung bestehend aus 5% HCl, 2-5 Tropfen HF und 95% H_2O verwendet. Für die REM-Untersuchungen wurden alle Proben mit einer Goldschicht besputtert (SEM coating unit PS 3, Fa. Agar AID). Im Allgemeinen wurde eine Beschleunigungsspannung von 20 kV und ein Probenstrom von 120 pA verwendet. Für die Mikroskopie der Pulverpräparate wurde der Probenstrom auf 20-60 pA reduziert, bei einer Beschleunigungsspannung von 25 mA. Die Bestimmung der Korngröße erfolgte nach statistischer Auswertung von 300-500 Körnern durch das Programm AnalySIS (Fa. Soft Imaging).

<u>Piezo Force Microscopy (PFM)</u>

Für die Charakterisierung der ferroelektrischen Domänenstrukturen wurde das AFM Dimension 3000 der Fa. Veeco Instruments verwendet. Im PFM-Modus befindet sich die Spitze im Kontakt mit der Oberfläche des Materials (Kontaktmodus). Durch das Anlegen einer Wechselspannung an die leitfähige Spitze wird, ausgelöst durch den piezoelektrischen Effekt, eine Bewegung des Materials auf die Spitze übertragen. Durch einen lock-in Verstärker wird nun das Eingangssignal von dem resultierenden Signal aus der piezoelektrischen Anregung getrennt und ausgegeben. Somit ist die Auswertung des so genannten *out of plane* Signals, d.h. die vertikale Bewegung der Spitze und des *in plane*

Signals, d.h. die Torsion der Spitze in Y-Richtung (parallel zur Scanrichtung), möglich. Eine schematische Darstellung bietet Abb. 23.

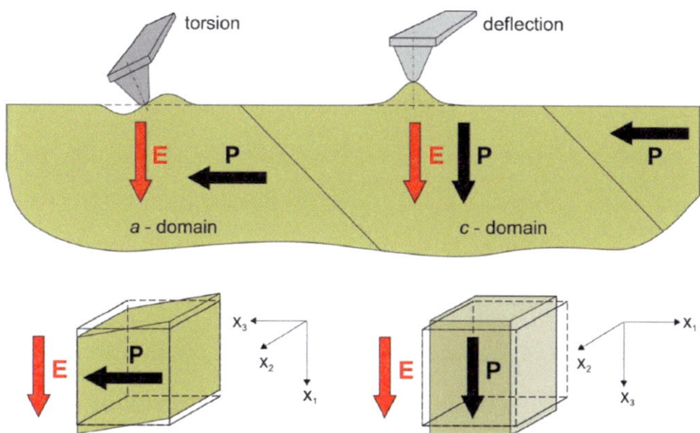

Abb. 23: **Schematische Darstellung für die Bestimmung des *in plane* (links) und des *out of plane* Signals. Unten: Korrespondierende Verzerrung des piezoelektrischen Einkristalls [175].**

Die PFM-Probenvorbereitung ist äquivalent zur keramographischen Gefüge-präparation jedoch wurde im Anschluss an den 0,25 μm Polierschritt ein weiterer 2-5 minütiger Polierschritt mit einer basischen Suspension (Mastermet) verwendet. Durch die dadurch entstehende, leichte Ätzung der Oberfläche wird es ebenfalls möglich, die Topographie der Oberfläche auszuwerten. Im Anschluss an die Präparation wurden die Proben in einem Kammerofen bei 500°C für 4 Stunden ausgelagert, um eventuelle Präparationseffekte auf die Domänenstruktur zu vermeiden.

3.4   XRD – Analyse der gesinterten PZT-Proben

Für die Bestimmung bzw. Berechnung der Gitterparameter und Phasengehalte wurden die scheibenförmigen Proben mit einer Dicke von $\approx$ 1 mm aus der Mitte der Sinterkörper herausgetrennt und ebenfalls keramographisch präpariert. Im Anschluss erfolgte eine Wärmebehandlung bei 500°C für 4 Stunden, um eventuell auftretende Textureffekte zu vermeiden [131]. Für die Aufnahme der Diffraktogramme wurde das Röntgendiffraktometer D500 (Fa. Siemens) verwendet. Es wurden Messungen in einem Winkelbereich zwischen 15-76° 2Θ mit einer Schrittweite von 0,02° 2Θ und 8 s Messzeit durchgeführt. Für die Bestimmung der Phasengehalte wurde in dem Bereich zwischen 35-48° 2Θ mit einer Messzeit von 16 s bei gleicher Schrittweite gemessen. Für die Korrektur der Diffraktogramme wurde ein Si-Pulver als interner Standard verwendet, welches in Form einer Suspension auf die Oberfläche getropft wurde. Es wurde ebenfalls $Cu_{K_{alpha}}$-Strahlung verwendet (40kV, 25 mA).

Zu Beginn wurde die Si-Korrektur und der Abzug der $Cu_{K_{alpha_2}}$-Strahlung vorgenommen. Im Anschluss erfolgte die Anpassung einer Gauss-Lorentz Profilfunktion an die gemessenen Spektren. Es wurde bei der Profilanpassung eine rhomboedrische und eine tetragonale Struktur zu Grunde gelegt. Die Ermittlung der entsprechenden Netzebenenabstände bzw. Intensitäten wurde anhand der (111) und (200) Reflexgruppe zwischen 37 - 46° 2Θ durchgeführt. Über das Verhältnis der Reflexintensitäten lassen sich somit die einzelnen Phasenanteile berechnen. Beispiel (200) Reflexgruppe:

$$V_{tr} = \frac{I(002)_{tr} + I(200)_{tr}}{I(002)_{tr} + I(200)_{tr} + I(200)_{rh}} \tag{3.3}$$

Aus den erhaltenen Netzebenenabständen d der (111) und (200) Reflexgruppe wurden weiterhin die Gitterparameter der tetragonalen Phase c_{tr} bzw. a_{tr} und die der rhomboedrischen Phase a_{rh} bzw. α_{rh} berechnet. Zur Beschreibung der Verzerrung der Perowskitzelle wurden die Deformationsparameter δ_{tr} und δ_{rh} eingeführt [107].

$$\delta_{tr} = \frac{c_{tr}}{a_{tr}} - 1 \qquad (3.4)$$

$$\delta_{rh} = \left(\frac{9}{8}\right)\left[\left(\frac{d_{111}}{d_{-111}}\right) - 1\right] \qquad (3.5)$$

3.5 Ramanspektroskopie

Für die Untersuchungen mittels Ramanspektroskopie wurden die Proben wie in Kapitel 3.1.4 beschrieben präpariert. Die Spektren wurden mit einem LabRAM HR800 (Fa. Horiba/Jobin-Yvon) (Ar-Laser, λ = 514,55 nm) bzw. mit einem UHWD (Fa. Olympus) im Backscattering mode aufgenommen. Die effektive Leistung auf der Probenoberfläche betrug 3 mW bei einer Fläche von 1 μm^2. Das somit angeregte Volumen beträgt mehrere μm^3.

Die Auswertung der Spektren erfolgte durch Anpassung einer Gauß-Funktion für jede einzelne Schwingungsmode an das gemessene Spektrum. Für die Untersuchung des Korngrößeneinflusses wurde die Schwingungslage bzw. Wellenzahl $\tilde{v}$ und Halbwertsbreite ausgewertet. Abb. 24 zeigt beispielhaft ein Raman-Spektrum der tetragonalen Zusammensetzung PZT 48-52 1La mit einer Korngröße von g = 4,18 μm. Die Indizierung der Schwingungsmoden erfolgte nach Ref. [176, 177].

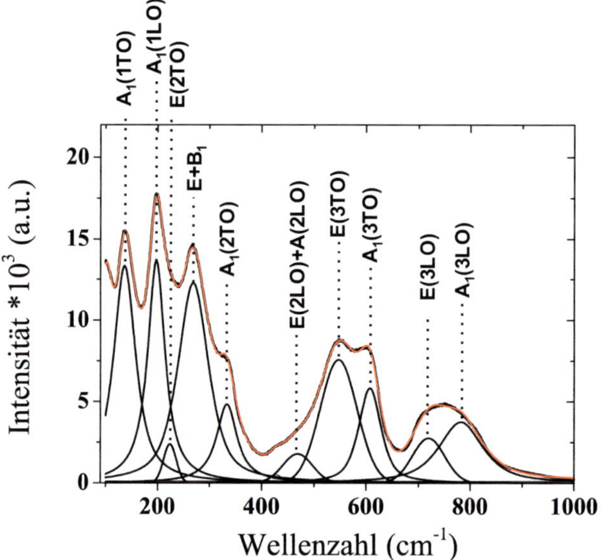

Abb. 24: **Raman Spektrum der Zusammensetzung PZT 48/52 mit einer Korngröße von g = 4,18 µm. Die einzelnen Schwingungsmoden wurden durch eine Gauß Funktion an das gemessene Spektrum angepasst.**

3.6   Dielektrische Untersuchungen

Untersuchungen im Frequenzbereich zwischen $20 - 10^6$ Hz

Zur Untersuchung der dielektrischen Eigenschaften bis 1 MHz wurden scheibenförmige Proben mit einem Durchmesser von ≈ 10 mm und einer Dicke von ≈ 1 mm verwendet, die mit einer bei 600 °C eingebrannten Silberdickschichtelektrode versehen waren (Gwent C2060217D3). Die Präparation erfolgte entsprechend Ref. [102]. Mittels eines LCR-Meters 4284A (Fa. Hewlett Packard) wurden die Kapazität C und der Verlustfaktor $\tan \delta$ der Proben bestimmt. Aus diesen beiden Größen lassen sich nun über die Berechnung der relativen Permittivität ε_r der Real- und der Imaginärteil, ε' bzw. ε'', der komplexen Permittivität ermitteln:

$$\varepsilon_r = \frac{C \cdot d}{A \cdot \varepsilon_0} \qquad (3.6)$$

$$\varepsilon' = \varepsilon_r \cdot cos\delta \qquad (3.7)$$

$$\varepsilon'' = \varepsilon_r \cdot sin\delta \qquad (3.8)$$

Dabei ist d die Dicke der Proben, A die Probenfläche und ε_0 die elektrische Feldkonstante. Es wurden sowohl ungepolte, als auch gepolte Proben untersucht. Die Bestimmung der komplexen Permittivität erfolgte jeweils 24 Stunden nach der Wärmebehandlung bzw. Polung, um eine eventuelle Beeinflussung durch Alterungseffekte zu vermeiden. Die Feldstärke betrug dabei 1 V/mm.

<u>Untersuchungen im Frequenzbereich zwischen $10^6 - 20*10^9$ Hz</u>

Für die Messungen im Bereich 1 MHz bis 1,8 GHz wurden kleine Zylinder mit einem Durchmesser von etwa 0,8 mm und einer Länge von 5mm hergestellt. Die Elektroden auf beiden Stirnflächen wurden mittels Gold-Sputtern aufgebracht. Für die Bestimmung des Impedanzspektrums diente ein Network Analyser Model 4396A (Fa. Hewlett Packard). Für die Berechnug des Real- bzw. des Imaginärteils wurden ungleichförmige Feldverteilungen berücksichtigt [178].

Messungen im Bereich zwischen 5 – 20 GHz wurden mit einem Network Spectra Analyser Model 8722D (Fa. Hewlett Packard) durchgeführt. Die Bestimmung der komplexen Permittivität beruht hierbei auf der Messung des Transmissionsspektrums des TE_{011}-Modes und der entsprechenden radial harmonischen TE_{0m1}-Moden eines Hohlraumresonators. Aus der Abweichung der Resonanzfrequenz vom leeren Resonator konnte die komplexe Permittivität bestimmt werden. Der Durchmesser der Proben wurde dabei entsprechend der Verschiebung der Resonanzmoden angepasst. Abb. 25 a) und b) stellt die experimentelle Vorgehensweise dar. Bei Verringerung des Durchmessers nähert sich der Resonanzverlauf dem des hohlen Resonators an.

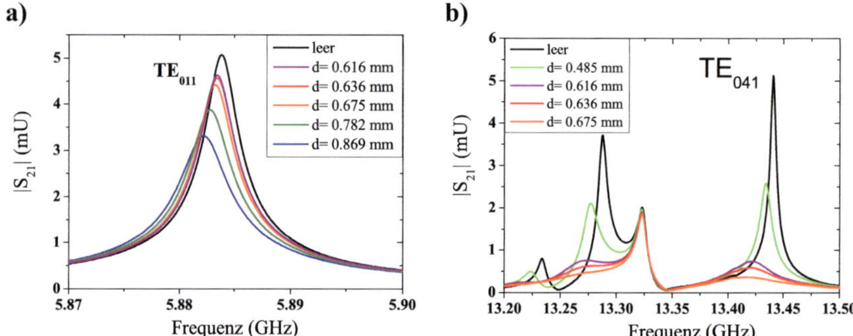

Abb. 25: **Transmissionsspektrum im Bereich des TE$_{011}$ a) und des TE$_{041}$ b) Modes für verschiedene Probendurchmesser d. Die Länge der Probe betrug 5 mm.**

Für eine hinreichend genaue Berechnung der Permittivität wurde der Durchmesser der Proben so angepasst, dass die Intensität des Transmissionskoeffizienten in etwa 50% der Intensität des hohlen Resonators erreichte. Dies lieferte eine ausreichend hohe Intensität für die Anpassung des Spektrums mit einer Gauss-Lorentz Profilfunktion und eine ausreichend große Veränderung der Resonanzfrequenz. Eine detaillierte Beschreibung des Verfahrens wird in Ref. [165, 179] gegeben.

Abb. 26 zeigt eine Darstellung des berechneten Real- bzw. des Imaginärteils der Permittivität ε' bzw. ε'' für die Zusammensetzung PZT 1La 52/48 in einem Bereich zwischen 20 Hz bis 20 GHz. Gekennzeichnet ist die

Relaxationsfrequenz f_r. Sie wird aus dem Maximum des frequenzabhängigen Verlaufs von ε'' abgeleitet und beträgt in diesem Fall 1,1 GHz. Die Korngröße der Keramik beträgt 4,0 µm. Für eine Darstellung des gesamten Frequenzbereiches wurde der Betrag des Real- und des Imaginärteils entsprechend der Werte im Frequenzbereich zwischen 20 Hz und 1MHz angepasst. Die Abweichung beträgt im Allgemeinen < 10 % und ist als hinreichend genau anzusehen [180].

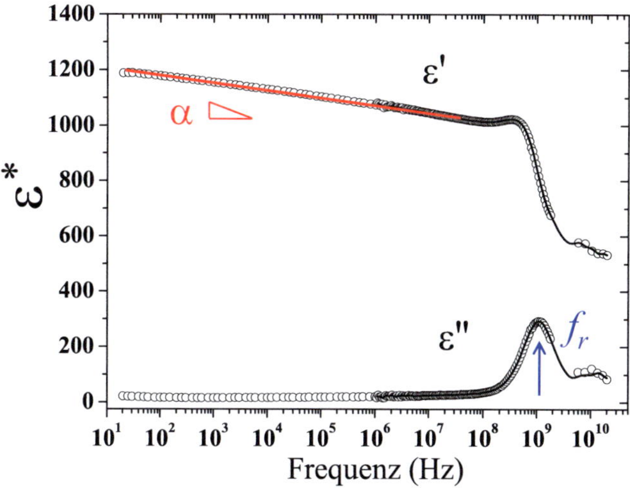

Abb. 26: **Darstellung des Real- und des Imaginärteils der Permittivität von 20 Hz bis 20 GHz einer grobkörnigen PZT 52/48 1La Keramik.**

3.7 Bestimmung piezoelektrischer Kleinsignalparameter

Die Berechnung des piezoelektrischen Koeffizienten d_{33} und k_{33} erfolgte aus der Analyse der Resonanzfrequenzen des Längen-Dehnungsmodus. Für eine korrekte Bestimmung der dafür notwendigen Konstanten wurden Probenkörper der Geometrie 5 x 2 x 2 mm³ hergestellt, siehe Abb. 27 a). Dabei wurde einem Längen zu Breiten Verhältnis von 2,5 entsprochen [89]. Für die elektrische Kontaktierung wurden Silberdickschichtelektroden verwendet. Für einen ausreichend hohen Polungsgrad der Proben wurden diese in einem Silikonölbad bei 80°C für 30 sec bei einer Feldstärke von 3,5 kV/mm polarisiert. Um einer Beeinträchtigung der Messungen durch Alterungseffekte entgegen zu wirken, wurden die Messungen der Resonanzfrequenzen mindestens 24 Stunden nach der Polung vorgenommen.

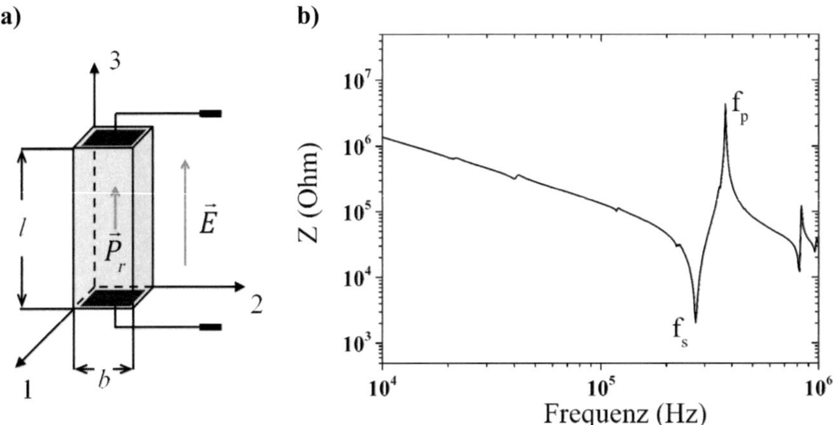

Abb. 27:   **a)**   **Für die Bestimmung der Längen-Dehnungsschwingung verwendete Probengeometrie.**

       b)   **Darstellung des frequenzabhängigen Verlaufes der Impedanz, eingezeichnet sind zusätzlich die Serien- und Parallelresonanzfrequenz f_s und f_p.**

Abb. 27 b) zeigt beispielhaft den frequenzabhängigen Impedanzverlauf für den Längen-Dehnungsmodus einer PZT-Keramik. Für die Aufnahme des Spektrums diente ein Impedance Analyser 4294A (Fa. Agilent). Die Messspannung betrug dabei 1 Volt.

Die piezoelektrische Ladungskonstante d_{33} kann nun unter der Berücksichtigung des Kopplungsfaktors k_{33}, der mechanischen Nachgiebigkeit s_{33}^E und der Permittivitätszahl ε_{33}^T bestimmt werden:

$$k_{33}^2 = \frac{\pi}{2} \cdot \frac{f_s}{f_p} \cdot \tan\left(\frac{\pi}{2} \cdot \frac{\Delta f}{f_p}\right) \tag{3.9}$$

$$s_{33}^E = \frac{1}{(1 - k_{33}^2) \cdot 4\rho \cdot (f_p \cdot l)^2} \tag{3.10}$$

$$d_{33}^2 = k_{33}^2 \cdot s_{33}^E \cdot \varepsilon_{33}^T \tag{3.11}$$

Dabei ist d die Dicke der Proben, l die Länge, A die Probenfläche, ρ die Dichte und ε_{33}^T (T=0) die quasi statische Permittivität (1kHz) der verwendeten Proben.

3.8 Großsignalmessungen

Zur Ermittlung der dielektrischen und elektromechanischen Großsignaleigenschaften wurde das Messsystem aixPES (Fa. Aixacct) verwendet. Die Messung der Längenänderung wurde dabei durch ein Laserinterferometer der Fa. Sios realisiert. Die Erfassung der dielektrischen Parameter erfolgte durch die „Virtual Ground Method" [3]. Als Proben wurden Scheiben mit einem Durchmesser von ≈ 10 mm und einer Dicke von ≈ 1 mm verwendet. Für die Kontaktierung dienten Silber-Einbrennelektroden (siehe Kapitel 3.1.6). Die bipolaren und unipolaren Messungen wurden bei einer Ansteuerfrequenz von 25 mHz durchgeführt. Für die Polung der Materialien wurden zu Beginn 3-5 unipolare Zyklen bei einer Feldstärke von 5 kV/mm vorgenommen. Die Bestimmung von S_r erfolgte aus der aufgenommenen Neukurve entsprechend Abb. 12 b. Für die Charakterisierung der Parameter E_c, P_{rem} und P_S wurde der letzte durchlaufene bipolare Zyklus verwendet, unter der Bedingung einer stabilen und symmetrischen Hystereseform. Im Anschluss erfolgte die unipolare Messung sukzessive von 5 kV/mm bis 1 kV/mm mit je zwei durchlaufenen Hysteresen. Der Koeffizient d_{33}^* ergibt sich dabei aus $d_{33}^* = S_{max}/E_{max}$ und wurde für jede gemessene Feldstärke bestimmt.

4 Ergebnisse und Diskussion

Die Darstellung des Korngrößeneinflusses auf die Eigenschaften Donator dotierter PZT-Keramiken gliedert sich in sechs wesentliche Abschnitte. Zu Beginn wird die Aufbereitung der Keramiken unter Verwendung nanoskaliger (Zr,Ti)-Präkursoren und die Einstellung der unterschiedlichen Korngrößen der Keramik erläutert. In den darauf folgenden Abschnitten erfolgt die Darstellung des Einflusses der Korngröße auf die Domänen, als auch auf die Kristallstruktur und die Auswirkungen auf dielektrische, ferroelektrische und piezoelektrische Eigenschaften.

4.1 Verwendete Rohstoffe und Aufbereitung der PZT-Pulver

Die konventionelle Herstellung von PZT-Keramiken erfolgt in der Regel über das Mischoxid-Verfahren. Im Anschluss an die Einwaage werden die oxidischen Ausgangssubstanzen einem Homogenisierungs- bzw. einem ersten Mahlschritt unterzogen. Nach dem thermischen Prozess des Kalzinierens, der zur Herstellung der eigentlichen chemischen Verbindung (Mischkristall) dient, erfolgt ein zweiter Mahlschritt, bevor die Keramik gesintert wird. Der Vorteil dieser Methodik sind die relativ niedrigen Kosten der Ausgangspulver, die einfache Prozesstechnik und die Möglichkeit, auch sehr große Pulvermengen herstellen zu können. Alternativen zu dieser Methode der PZT-Herstellung bestehen über Sol-Gel- oder Hydrothermalverfahren. Die Vorteile sind hierbei die Homogenität und die Feinteiligkeit der erhaltenen Pulver, dagegen stehen jedoch die hohen Kosten des Prozesses bzw. der Ausgangsreagenzien. Eine Art Kombination beider Verfahren stellt die Verwendung von $(Zr,Ti)O_2$-Prekursoren dar

[168, 181, 182]. Hierbei werden über ein nasschemisches oder keramisches Verfahren möglichst feinteilige $(Zr,Ti)O_2$-Pulver hergestellt und anschließend mit PbO zur Bildung von PZT-Mischkristallen gebracht. Die Vorteile sind niedrige Kalzinationstemperaturen, eine hohe chemische Homogenität und die Möglichkeit, große Pulvermengen herstellen zu können.

Für die Herstellung, der in dieser Arbeit verwendeten, PZT-Materialien wurde dieses kombinierte Verfahren aus Mixed-Oxide und einem nasschemischem Fällungsprozess verwendet. Tabelle 2 zeigt die wichtigsten chemischen bzw. physikalischen Eigenschaften der $(Zr,Ti)O_2$-Hydrat-Präkursoren bzw. des verwendeten PbO.

Tabelle 2: Ausgewählte Kennwerte der verwendeten Rohstoffe.

	PbO	**ZTH 12**	**ZTH 10**	**ZTH 14**
Hersteller	**Alfa Aesar**	**Crenox GmbH**		
Reinheit	**> 99,99%**	**> 99,99%**		
Zr/Ti-Gehalt		**53,1/46,9**	**57,6/42,4**	**44,8/55,2**
BET [m^2/g]		**310**	**314**	**317**
d$_{50}$	**4,69 µm (Laserbeugung)**	**≈ 4 nm (Primärpartikelgröße aus BET)**		
Phasenbestimmung (XRD)	**Massicot, Litharge**	**TiO$_2$ (Anatase), ZrO$_2$ (tetragonal)**		
Verunreinigungen (ppm) Akzeptor, Donator, isovalent	**[Fe, Al, Ag, Mn, Cu, Mg] (< 5) Na (18) Bi (11), [Sr, Ca, Zr, Ti] (< 4)**	**Fe (67), Al (16), Nb (12), Ca (12)**	**Fe (71), Al (12), Nb (11), Ca (17)**	**Fe (62), Al (13), Nb (32), Ca (13)**
		Si, Na (<10) Ba, Sr, Cr, V (< 5) Cl (< 20)		
SO$_4$-Gehalt (%)	**-**	**0,27**	**0,33**	**0,36**
Glühverlust (%)	**-**	**≈ 16,2%**	**≈ 16,8%**	**≈ 17,1%**

Um die Korngröße in dem geforderten Bereich zwischen 0,25 µm und 10µm mit einer ausreichenden chemischen Homogenität einstellen zu können, wurden von der Fa. Crenox GmbH hergestellte $(Zr,Ti)O_2$-Hydrat-Präkursoren (ZTH) verwendet [183].

Die Herstellung der Prekursoren beruht auf dem Sulfatprozess, einem großtechnischen Herstellungsverfahren für TiO_2 und einem zusätzlichen zweiten Fällungsverfahren. In einem ersten Schritt wird aus einer $TiOSO_4$-haltigen Lösung durch Hydrolyse nanokristallines $TiO(OH)_2$ mit $d_{50} \approx 5$ nm gewonnen. Nach mehreren Reinigungsschritten erfolgt die Zugabe einer Zr-Lösung. Mittels eines weiteren Hydrolyseschrittes wird nun $Zr(OH)_4$ auf dem nanokristallinen Titanoxidhydrat abgeschieden. Es wird somit angenommen, dass ein ZTH-Partikel aus einem $TiO(OH)_2$-Kern und einer annähernd amorphen $Zr(OH)_4$-Schicht auf der Oberfläche aufgebaut ist.

Das in Abb. 28 dargestellte Röntgendiffraktogramm bestätigt die Existenz einer kristallinen TiO_2-Phase und einer ZrO_2-Komponente mit einer sehr kleinen Kristallitgröße.

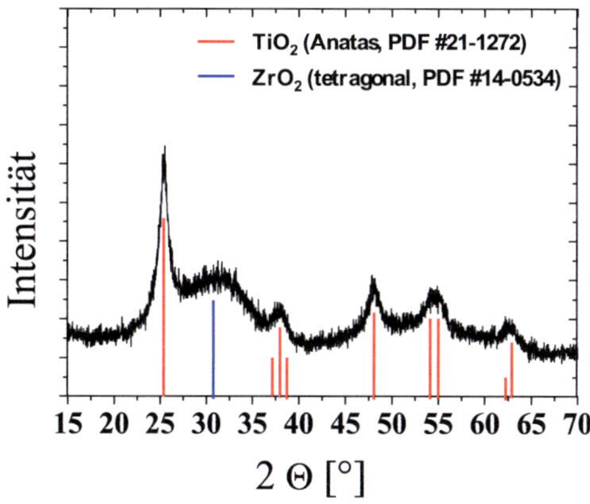

Abb. 28: Röntgendiffraktogramm des verwendeten $(Zr,Ti)O_2$-Hydrates.

Aus einer Analyse der Halbwertsbreite (FWHM) der TiO_2-Phase ergibt sich eine Kristallitgröße von $\approx$ 5,8 nm. Aus der Auswertung des Reflexes um 31° 2 Θ, unter der Annahme einer tetragonalen ZrO_2-Phase [184], ergibt sich eine Kristallitgröße von $\approx$ 1,9 nm.

Die Einwaage der Rohstoffe wurde, nach einer Glühverlustbestimmung des ZTH, entsprechend der Gl. 3.11 für La dotiertes bzw. Gl. 3.12 für La, Fe dotiertes PZT durchgeführt:

$$[Pb_{1-1,5x}La_xV''_{Pb_{0,5x}}][Zr_zTi_{1-z}]O_3 \tag{3.11}$$

$$[Pb_{1-1,5x}La_xV''_{Pb_{0,5x}}][(Zr_zTi_{1-z})_{1-y}Fe_y]O_{3-0,5}V^{\bullet\bullet}_{O_{0,5y}} \tag{3.12}$$

Die Gleichungen 3.11 und 3.12 beruhen auf dem Ansatz einer Kompensation des Donators La durch Bleivakanzen bzw. durch die Entstehung von Sauerstoffvakanzen bei der Dotierung mit Fe-Akzeptorionen. Im Falle der Kodotierung La, Fe wird mit einer Rekombination der Blei- und Sauerstoffvakanzen gerechnet. Tabelle 3 enthält die, in dieser Arbeit hergestellten, Zusammensetzungen. Um den Einfluss der Dotierung und des Zr/Ti-Verhältnisses auf die Korngrößenabhängigkeit der PZT-Materialien untersuchen zu können, wurden zwei Versatzreihen mit sechs, bzw. fünf unterschiedlichen Zusammensetzungen hergestellt.

Für die 1. Versatzreihe wurde ZTH 12 verwendet. Bei der Variation des Zr/Ti-Verhältnisses (2. Versatzreihe) kam eine entsprechende molare Mischung aus ZTH 10 und ZTH 14 zum Einsatz. Bei allen hergestellten PZT-Materialien wurde mit einem PbO-Überschuss von 2 mol% gearbeitet. Tabelle 3 enthält ebenfalls den nach Gl. 2.13 berechneten effektiven Donatorgehalt D_{eff}.

Tabelle 3: Zusammenfassung der hergestellten PZT-Zusammensetzungen.

Versatz	Zr/Ti-Verhältnis	Dotierung (mol%)	eff. Donatorgehalt (mol%)
1-1	53/47	2La	1,00
1-2	53/47	1La	0,50
1-3	53/47	1La 0,25Fe	0,375
1-4	53/47	1La 0,50Fe	0,25
1-5	53/47	1La 0,75Fe	0,125
1-6	53/47	undotiert	0
2-1	55/45	1La	0,5
2-2	53/47	1La	0,5
2-3	52/48	1La	0,5
2-4	50/50	1La	0,5
2-5	48/52	1La	0,5

Eine Auflistung der wesentlichen Prozessschritte ist in Abb. 29 gegeben. Um eine homogene Mischung aus den verwendeten Rohstoffen bzw. um die Partikelgröße des PbO zu verringern, wurde eine Hochenergiemahlung in einem Polyamidattritor verwendet. Die Mahlung wurde mit yttriumstabilisierten Zirkonoxidmahlkugeln (2 mm Durchmesser) in Isopropanol durchgeführt. Das anschließende Verdampfen des Isopropanols wurde in einem Rotations-verdampfer bei 65°C und einem Druck von 250 mbar durchgeführt. Nach einer weiteren Trocknung des Pulvers in einem Vakuumtrockenschrank (80°C, 2 Tage) wurde das Pulver über einem 80µm Sieb abgezogen. Aufgrund des sehr feinteiligen bzw. reaktiven Pulvers konnte eine Kalzinationstemperatur von 600°C realisiert werden, ohne ein übermäßiges Wachstum der Partikel zu generieren. Verwendet wurden hierbei PbO-gesättigte Al_2O_3-Tiegel. Auf eine weitere Aufmahlung des Kalzinates konnte somit verzichtet werden. Die Formgebung der Grünkörper erfolgte durch uniaxiales Trockenpressen und anschließendes kaltisostatisches Pressen bei 400 MPa. Die Proben wurden in einem geschlossenen Al_2O_3-Tiegel für 6 Stunden bei Temperaturen zwischen T_S= 875 - 1250°C an Luft gesintert. Für Temperaturen oberhalb 1100°C wurde ein $PbZrO_3/ZrO_2$ Pulverbett verwendet [125].

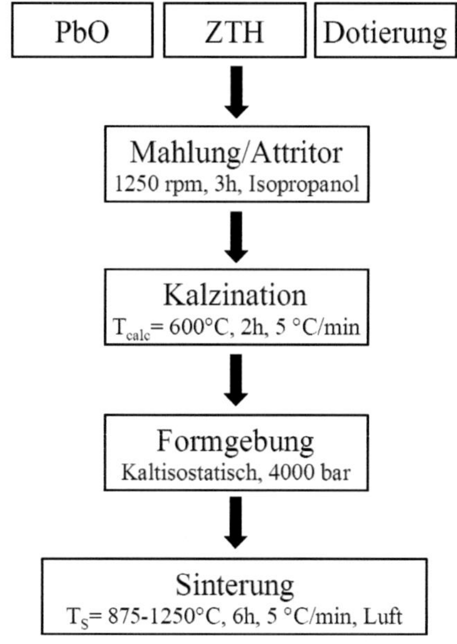

Abb. 29: Flussschemata der wichtigsten Prozessschritte.

4.1.1 Kalzination und Sinterung der PZT-Materialien

Die Herstellung der gewünschten PZT-Mischkristalle erfolgte über die Festkörperreaktionen zwischen PbO, TiO_2 und ZrO_2. Untersuchungen zur Reaktionsabfolge der PZT-Bildungsprozesse zeigen bei der Verwendung herkömmlicher Oxide folgenden Ablauf [20, 131]:

$$PbO + TiO_2 \xrightarrow{500-600°C} PbTiO_3 \qquad (3.13)$$

$$PbTiO_3 + PbO + ZrO_2 \xrightarrow{650-800°C} Pb(Zr_{1-x}Ti_x)O_3 \qquad (3.14)$$

$$Pb(Zr_xTi_{1-x})O_3 + PbTiO_3 + PbO \xrightarrow{ab\ 750°C} Pb(Zr_{1-x}Ti_x)O_3 \qquad (3.15)$$

Während die Bildung von $PbTiO_3$ bereits bei relativ niedrigen Temperaturen beginnt, müssen für eine annähernd vollständige Umsetzung zum PZT-Mischkristall jedoch Temperaturen von 800-900°C bei der Kalzination verwendet werden. Da bei diesem Prozess die Diffusion von Blei geschwindigkeitsbestimmend ist [181], können über die gezielte Einstellung der Korngröße bzw. der chemischen Beschaffenheit der TiO_2- und der ZrO_2-Komponente die PZT-Bildungsreaktionen stark verändert werden. Abb. 30 a) enthält eine Übersicht über den Reaktionsablauf, dargestellt durch Pulverdiffraktogramme für verschiedene Kalzinationstemperaturen. Bereits ab Temperaturen $\approx$ 400°C kommt es zu einer anfänglichen Bildung von $PbTiO_3$. Bei einer Kalzinationstemperatur von 500°C ist bereits eine fast vollständige Umsetzung der Rohstoffkomponenten zu $PbTiO_3$, $PbZrO_3$ bzw. einem sehr Zr-reichen PZT-Mischkristall zu beobachten. Ab Temperaturen > 600°C besteht das Kalzinat aus einer Ti-reichen und einer Zr-reichen PZT-Mischkristallphase. Bei noch höheren Temperaturen erfolgt letztendlich die Bildung des gewünschten PZT-Mischkristalls. Da bei Temperaturen ab 600°C von einer vollständigen Bildung des Perowskits ausgegangen werden kann, wurde diese als Kalzinationstemperatur festgelegt.

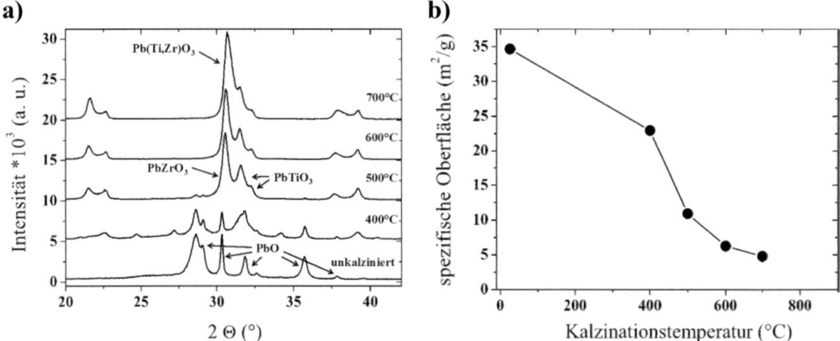

Abb. 30:   **a) Röntgendiffraktogramme verschieden kalzinierter Pulver der Zusammensetzung PZT 53/47 D_{eff} = 1 mol%.**

    b) Spezifische Oberfläche als Funktion der Kalzinationstemperatur für PZT 53/47 D_{eff} = 1mol%.

Die Bildung der Perowskitphasen kann ebenfalls anhand der Änderung der spezifischen Oberfläche O_{sp} beobachtet werden, siehe Abb. 30 b). Während der Reaktion des ZTH mit PbO ist eine starke Verringerung von O_{sp} feststellbar. Im Gegensatz dazu ist die Änderung > 600°C nur marginal. Bei 600°C besitzt O_{sp} einen Wert von 6,3 m²/g, was einer Partikelgröße von etwa 120 nm entspricht. Die Feinteiligkeit des PZT-Pulvers geht ebenfalls aus der Betrachtung einer REM-Aufnahme hervor. Während im unkalzinierten Zustand, siehe Abb. 31 a) noch gröbere PbO Partikel erkennbar sind ($d_{50,\ Laserbeugung} \approx 0,7\ \mu m$), geht aus Abb. 31 b) eine annähernd monomodale Größenverteilung des kalzinierten PZT-Pulvers hervor.

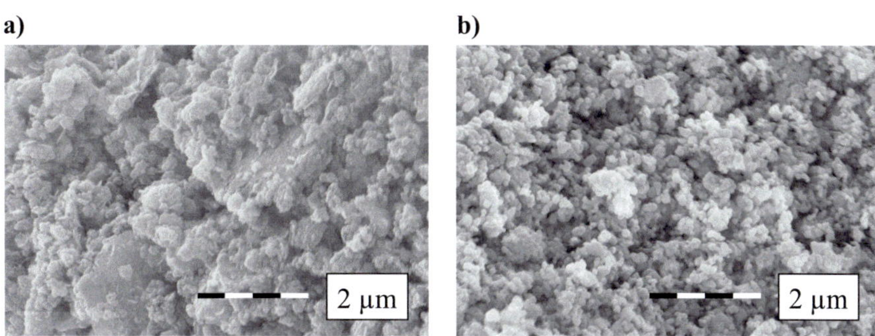

Abb. 31: **REM Abbildung eines unkalzinierten Rohstoffgemisches a) und eines bei 600°C kalzinierten Pulvers b).**

Aufgrund der geringen Partikelgröße konnte eine deutliche Verbesserung des Verdichtungsverhaltens gegenüber der Verwendung herkömmlicher Rohstoffe erzielt werden. Abb. 32 a) und b) enthalten vergleichend das Schwindungsverhalten bzw. die Sinterrate von PZT 53/47 mit verschiedenen eff. Donatorgehalten. Für die reine PZT-Verbindung beginnt die Verdichtung bei einer Temperatur von 800°C.

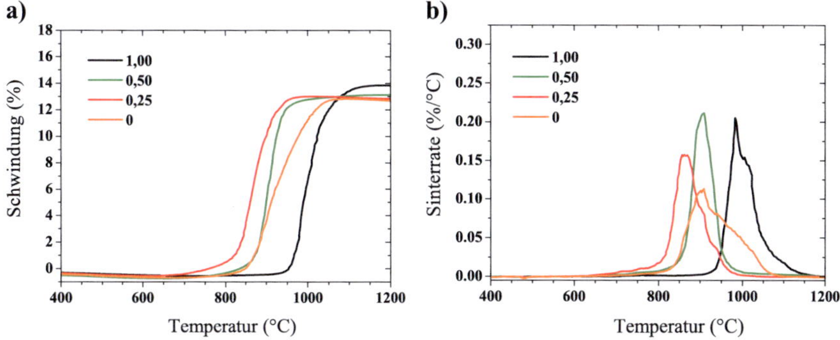

Abb. 32: **Schwindung a) und Sinterrate b) für PZT 53/47 mit verschiedenen eff. Donatorgehalten.**

Wird der eff. Donatorgehalt erhöht, so verschiebt sich die Schwindungskurve zu geringeren Temperaturen, deutlich erkennbar an der Temperatur bei maximaler Sinterrate ($T_{max,Sinterrate}$), siehe Abb. 33 a). Das bei einem eff. Donatorgehalt von 0,125 mol% auftretende Minimum korreliert dabei mit einem verstärkten Kornwachstum.

a)   b)

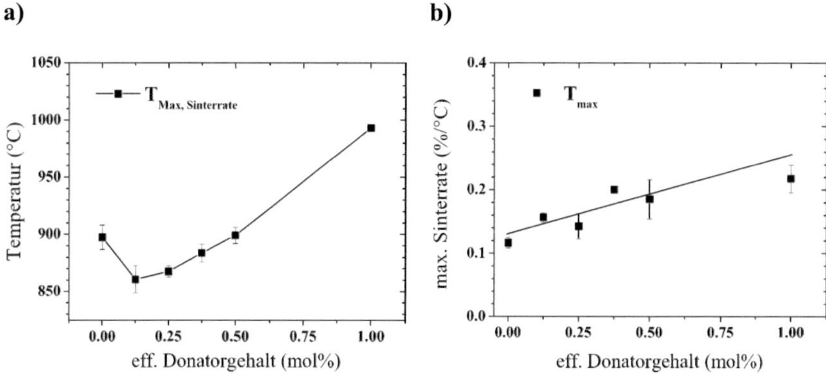

Abb. 33:   **Temperatur der max. Sinterrate a) und max. Sinterrate b) für PZT 53/47 mit verschiedenen eff. Donatorgehalten.**

Abb. 34 a) enthält die Korngröße in Abhängigkeit vom effektiven Donatorgehalt für vier verschiedene Sintertemperaturen. Bei der undotierten Zusammensetzung konnte ein abnormales Kornwachstum, beginnend bei 950°C - 1000°C festgestellt werden. Der Korngrößenwert bei 1000°C entspricht dem Wert der Matrixkörner. Die maximale Sinterrate, dargestellt in Abb. 33 b), zeigt im Vergleich zum Kornwachstum einen stetig ansteigenden Verlauf mit zunehmendem eff. Donatorgehalt. Das Zr/Ti Verhältnis zeigt hierbei keinen Einfluss auf das Kornwachstum der Keramik. Abb. 34 b) zeigt dies für die fünf unterschiedlichen Zr/Ti Verhältnisse bei einer eff. Donatorkonzentration von 0,5 mol%. Die relative Dichte der untersuchten Keramiken betrug zwischen 97 - 99% der theoretischen Dichte ($\approx$8,00 g/cm^3). Abb. 35 stellt vergleichend den

Einfluss unterschiedlicher effektiver Donatorgehalte auf die Gefügeentwicklung für zwei Sintertemperaturen dar.

a)   b)

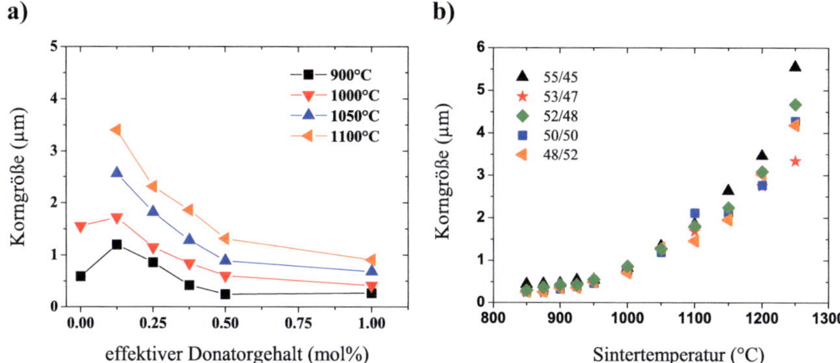

Abb. 34: **Korngröße als Funktion des effektiven Donatorgehalts für verschiedene Sintertemperaturen a) und Entwicklung der Korngröße im Temperaturbereich zwischen 875 - 1250 °C für die verwendeten Zr/Ti Verhältnisse.**

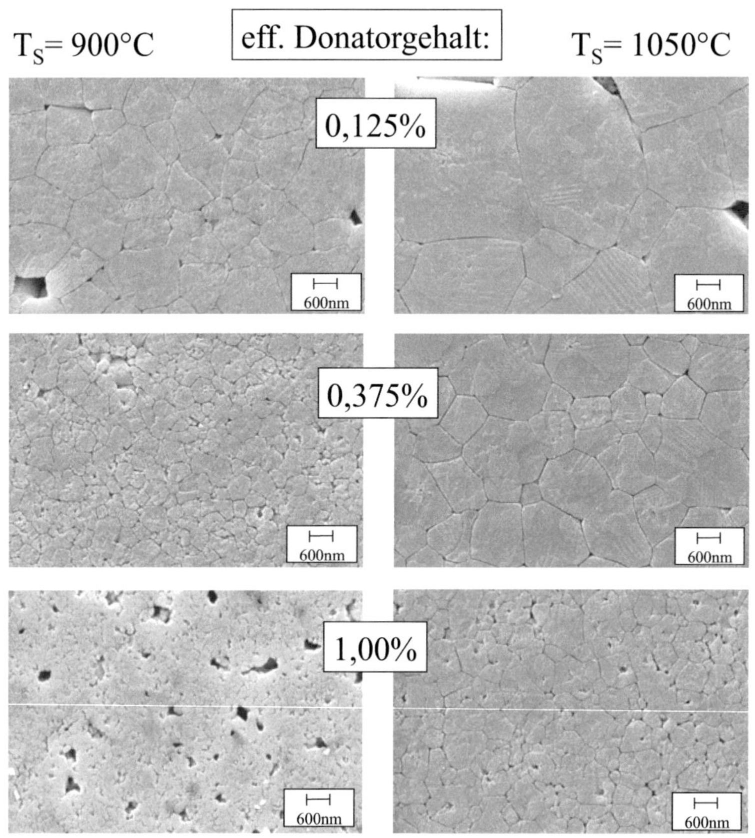

Abb. 35: **Einfluss des effektiven Donatorgehaltes auf die Gefügeentwicklung, dargestellt für Sintertemperaturen von 900 bzw. 1050°C für PZT mit einem Zr/Ti Verhältnis von 53/47.**

4.2 Untersuchungen der Domänenkonfiguration und Größe

Wie bereits in Kapitel 2.1.5 beschrieben, wird in den PZT-Materialien eine Änderung der Domänenstruktur von einer komplexen, dreidimensionalen Anordnung hin zu einer einfachen, zweidimensionalen Konfiguration beobachtet. Dabei existiert eine kritische Korngröße der Keramik, ab der diese Änderung beobachtet wird. Gleichermaßen zeigt die Korngrößenabhängigkeit der Domänengröße eine Abhängigkeit des Charakters $d = \sqrt{g}$. Im Folgenden wird gezeigt, inwieweit dieses Verhalten durch die effektive Donatorkonzentration beeinflusst wird. Dabei wurden drei unterschiedliche Dotierungsgehalte: 2La, 1La und 1La + 0,75Fe und zwei verschiedene Zr/Ti Verhältnisse: 53/47 bzw. 52/48 untersucht. Der eff. Donatorgehalt (D_{eff}) entspricht 1 mol%, 0,5 mol% bzw. 0,125 mol%.

4.2.1 Domänenkonfiguration

<u>1 mol% eff. Donatorgehalt</u>

Die Auswirkung der Korngröße auf die Domänenstruktur wurde für PZT 53/47 2La anhand der Korngrößen 1,35 µm, 1,08 µm und 0,34 µm durchgeführt. Die Abb. 36, 37 und 38 enthalten jeweils a) die Topographie bzw. b) das in plane PFM-Signal. Anhand der in Abb. 36 b) zusätzlich eingezeichneten Korngrenzen ist die Komplexität der Domänenstruktur ersichtlich. Innerhalb eines Korns befinden sich mehrere Domänenbereiche, die wiederum aus einzelnen spezifischen Domänenkonfigurationen aufgebaut sind. Es handelt sich hierbei größtenteils um die in Abb. 8 schematisch dargestellte 90° Domänenstruktur, auch bezeichnet als „head-to-tail" Anordnung. Auffallend ist ebenfalls die Separation dieser Bereiche durch 180° Domänen.

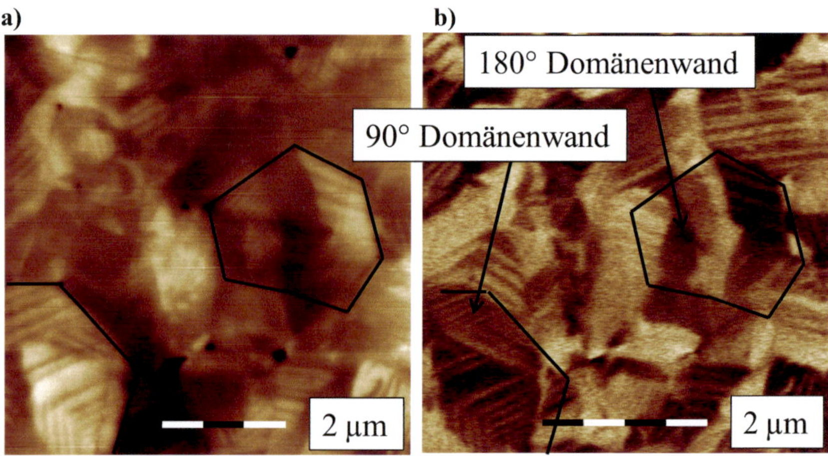

Abb. 36: **Topographie a) und *in plane* PFM-Signal b) einer PZT 53/47 Probe mit D_{eff} = 1,00 mol% und einer mittleren Korngröße von 1,35 µm.**

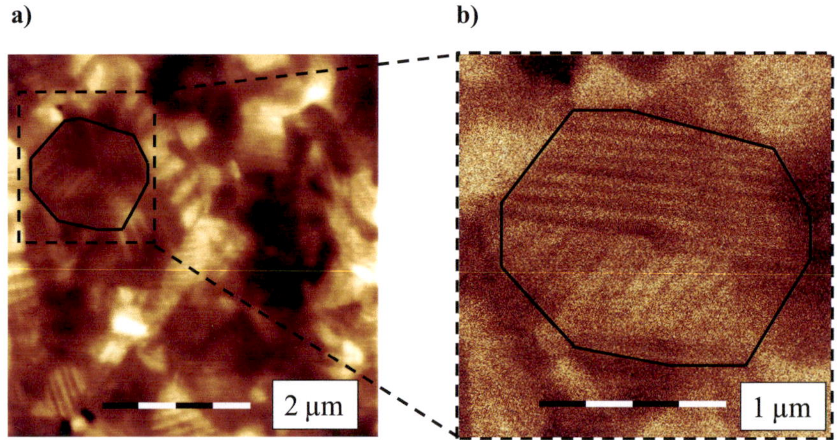

Abb. 37: **Topographie a) und *in plane* PFM-Signal b) einer PZT 53/47 Probe D_{eff} = 1,00 mol% und mit einer mittleren Korngröße von 1,08 µm.**

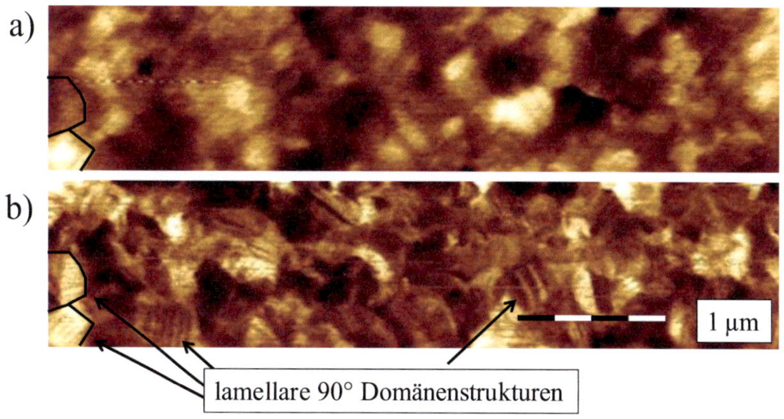

Abb. 38: **Topographie a) und *in plane* PFM-Signal b) einer PZT 53/47 Probe mit D_{eff} = 1,00 mol% und einer mittleren Korngröße von 0,34 µm.**

Eine Einschätzung einer mittleren Größe dieser Domänenanordnungen ist aufgrund der sehr starken Variation nur unter Vorbehalt zu treffen. Es wurden Bereiche mit einer Größe zwischen 0,2 - 1,5 µm gefunden. Abb. 37 zeigt eine Probe mit einer durchschnittlichen Korngröße von 1,08 µm. Anhand der vergrößerten Darstellung des *in plane* Signals ist die Domänenstruktur eines Korns gut zu erkennen. Im Wesentlichen bleibt die Domänenkonfiguration bestehen. Es existieren ebenfalls mehrere verschiedene 90° Domänenstrukturen innerhalb eines Korns. Im Vergleich zu Abb. 36 b) ist jedoch eine leichte Verringerung der Anzahl dieser Bereiche festzustellen. Die Aufnahme einer sehr feinkörnigen Keramik ist in Abb. 38 enthalten. Die Korngröße beträgt in diesem Fall lediglich 0,34 µm. Nach einem Vergleich dieser Domänenstruktur mit Abb. 36 b) und 37 b) ist ein signifikanter Unterschied in der Domänenkonfiguration feststellbar. Die Körner beinhalten in diesem Fall eine sehr einfache zweidimensionale Domänenstruktur, aufgebaut aus einer 90° Domänen-konfiguration. Besonders hervorzuheben ist ebenfalls, dass die Korngröße nun in etwa der Größe der einzelnen Domänenbereiche aus Abb. 36 b) bzw. 37 b) entspricht.

<u>0,5 mol% eff. Donatorgehalt</u>

Für die Untersuchung der Domänenkonfiguration von Proben mit einem eff. Donatorgehalt von 0,5 mol% wurden die Zusammensetzungen PZT 52/48 1La und PZT 53/47 1La ausgewählt. Bei der Untersuchung dieser Proben konnte kein Unterschied bezüglich des Einflusses der Korngröße auf die Anordnung der Domänen festgestellt werden. Die Abb. 39 und 40 beinhalten die Topographie bzw. die in plane PFM Abbildungen der Zusammensetzung PZT 52/48 1La. Analysiert wurden Proben mit einer mittleren Korngröße von 4,67 µm, 0,88 µm und 0,55 µm. Dabei wiesen Körner mit einer Größe von $\approx$ 5-7 µm neben der bereits in Abb. 36 bzw. 37 beobachteten Konfiguration auch eine gebänderte Domänenstruktur auf, welche sehr stark der von grobkörnigem $BaTiO_3$ ähnelt und einer alternierenden 180° Domänenanordnung zugeschrieben werden kann [136, 185]. Die Größe der Domänen innerhalb dieser gebänderten Struktur beträgt lediglich 30 nm, siehe Abb. 39 c).

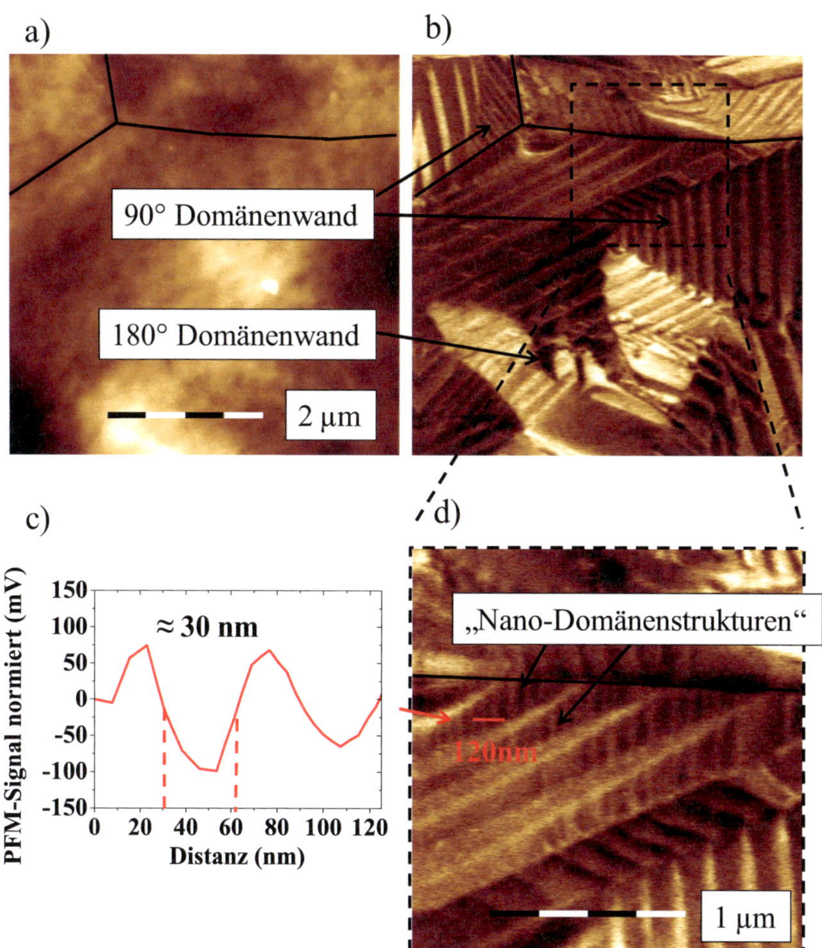

Abb. 39: **Topographie a) und *in plane* PFM-Signal b) einer PZT 52/48 Probe mit D_{eff} = 0,5 mol% und einer mittleren Korngröße von 4,67 µm. d) beinhaltet eine Vergrößerung der gebänderten Domänenstruktur, welche weiterhin eine sehr feine Domänenstruktur aufweist. Die Größe der Domänen beträgt ≈ 30 nm siehe Abb. c).**

Dabei ist zu beachten, dass aufgrund der experimentellen Bedingungen (Radius der Spitze, Verteilung des elektrischen Feldes) keine Strukturen unterhalb von 25 nm mehr aufgelöst werden können. Eine Übersicht über die Veränderung der Domänenkonfiguration bieten die PFM-Abbildungen 40 b, d) und f). Ausgehend von einer Konfiguration, die sich durch mehrere unterschiedliche Domänenbereiche innerhalb eines Korns auszeichnet, Abb. 40 b), vollzieht sich eine Verringerung der Komplexität der Domänenstruktur. So zeigt Abb. 40 f) eine ausschließlich lamellare Domänenstruktur bei einer mittleren Korngröße von 0,55 µm. Die beobachtete Struktur ist vergleichbar mit der Struktur dünner PZT-bzw. PT-Schichten [186-189] und feinkörniger PZT-Keramik [15].

<u>0,125 mol% eff. Donatorgehalt</u>

Abb. 41 a) - f) zeigt die Topographie bzw. das in plane PFM-Signal der Zusammen-setzung PZT 53/47 D_{eff} = 0,125 mol% für die Korngrößen 2,53 µm, 1,43 µm und 1,20 µm. Wie bei den bereits diskutierten Zusammensetzungen PZT 53/47 D_{eff} = 1 mol% bzw. PZT 52/48 D_{eff} = 0,5 mol% erfolgt auch bei einem effektivem Donatorgehalt von 0,125 mol% ein Wechsel von einer komplexen Domänenstruktur (Abb. 41 b) zu einer lamellaren Anordnung (Abb. 41 d). Dies ist ab einer Korngröße von ≈ 2 µm zu beobachten, siehe Abb. 41 d. Abb. 41 f) zeigt eine PFM-Aufnahme der kleinsten hergestellten Korngröße dieser Zusammensetzung. Hierbei sind ebenfalls lamellare Domänenstrukturen erkennbar.

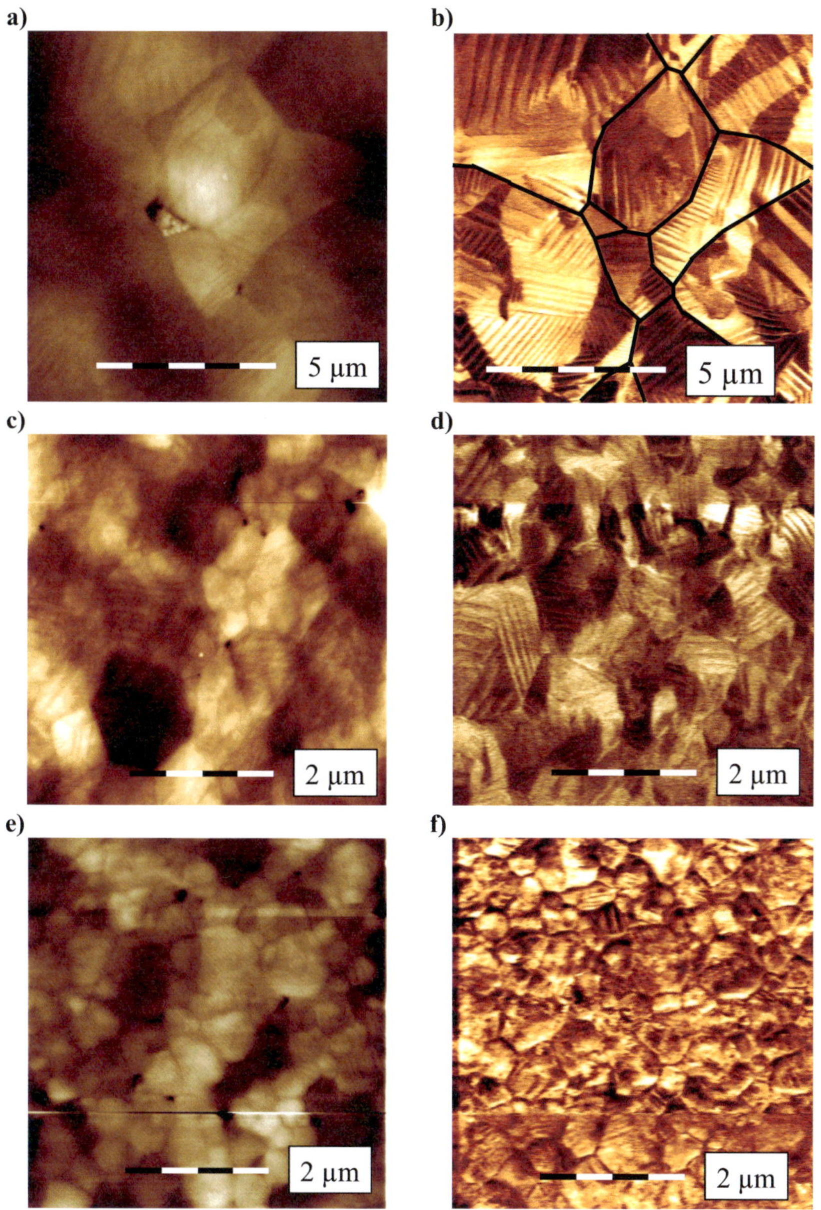

Abb. 40: Topographie a), c), e) und *in plane* PFM-Signal b), d), f) von PZT 52/48 mit D_{eff} = 0,5 mol%, die Korngröße beträgt 4,67 µm, 0,88 µm und 0,55 µm.

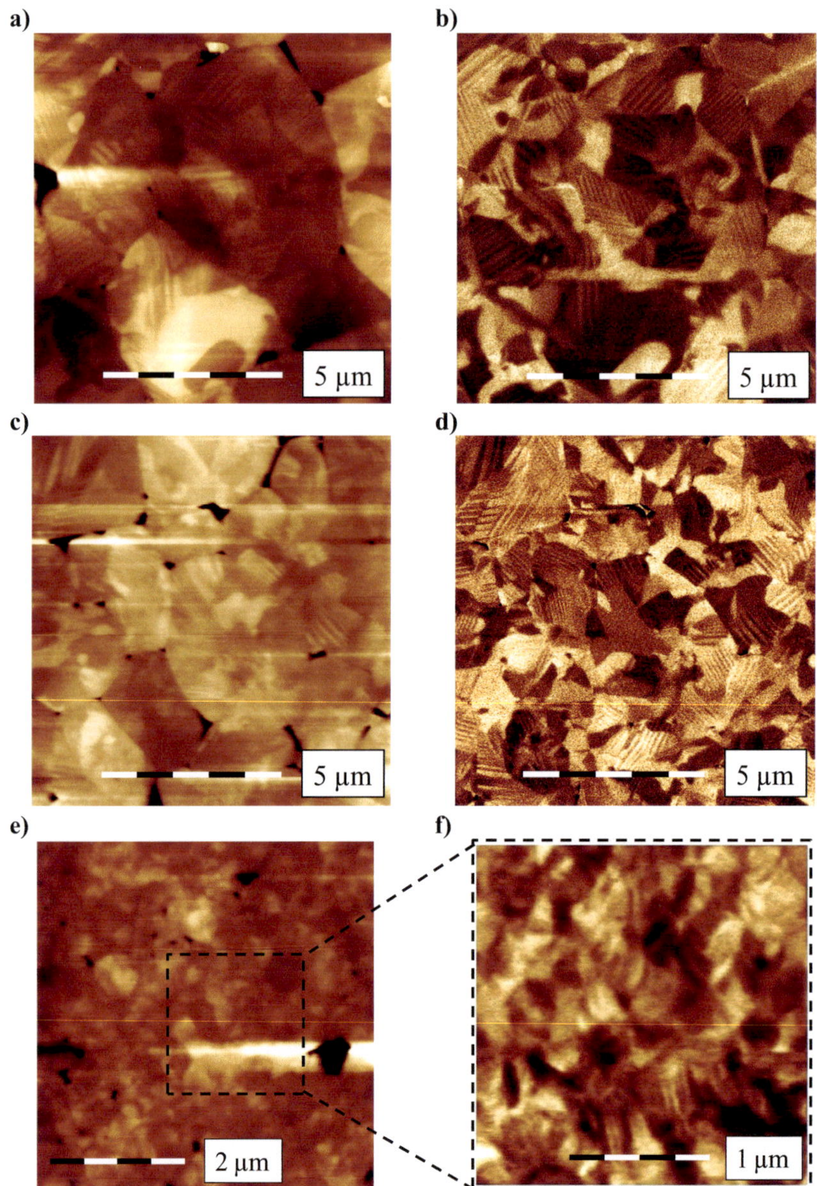

Abb. 41: Topographie a), c), e) und *in plane* PFM-Signal b), d), f) von PZT 53/47 mit D_{eff} = 0,125 mol%, die Korngröße beträgt 2,53 µm, 1,43 µm und 1,20 µm.

4.2.2 Domänengröße

Wie bereits in Kapitel 2.2.1 beschrieben, stellt die Ausbildung ferroelektrischer Domänen und deren Konfiguration ein Gleichgewicht zwischen der Domänenwandenergie und einer Depolarisationsenergie dar. Anhand theoretischer Berechnungen wurde ein parabolischer Zusammenhang $d \propto (g)^{0,5}$ zwischen der Domänengröße und der Korngröße der Keramik gefunden [139, 140]. Dieser konnte auch in PZT Keramiken im Bereich der MPB nachgewiesen werden [138, 141, 190]. Abb. 42 stellt die beobachteten Domänengrößen als Funktion der Korngröße dar. Zusätzlich sind weitere Literaturwerte in dem Diagramm enthalten.

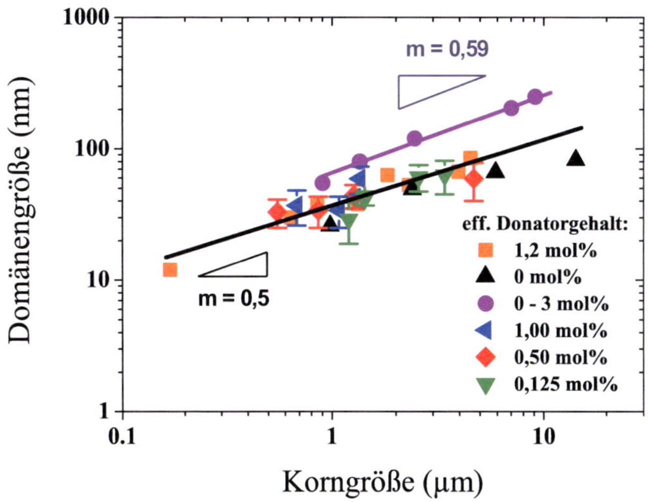

Abb. 42: **Korngrößenabhängigkeit der Domänengröße als Funktion der Korngröße für die in dieser Arbeit untersuchten Materialien im Vergleich mit bekannten Literaturdaten (1,2 mol% bzw. 0 mol% Ref. [138], 0 - 3 mol% Ref. [141]).**

Unter Berücksichtigung möglicher Differenzen bzw. Ungenauigkeiten in der Bestimmung der Domänengröße und der unterschiedlichen experimentellen Methoden ergibt sich ein Bereich, der einer parabolischen Abhängigkeit von der Korngröße der Keramik folgt. Dies ist besonders bemerkenswert, da dieser systematische Zusammenhang nicht entscheidend von der Dotierung der Keramik abhängt. Eine weitere Schlussfolgerung aus dieser Abhängigkeit zwischen Korngröße und Domänengröße bezieht sich auf die Änderung der Domänenwanddichte ρ_D. Wird die Korngröße verringert, so steigt die Dichte der Domänenwände entsprechend an [149]:

$$\rho_D \propto \frac{1}{\sqrt{g}} \qquad (4.1)$$

Der Anstieg der 90° Domänenwanddichte für eine lamellare Domänenstruktur wird unter anderem für den Anstieg der Permittivität in Abb. 19 verantwortlich gemacht und beeinflusst möglicherweise auch deren Frequenzabhängigkeit [149, 155].

4.3 Einfluss der Korngröße auf die Kristallstruktur

Dielektrische und elektromechanische Eigenschaften korrelieren stark mit der Kristallstruktur bzw. mit den entsprechenden kristallinen Phasenanteilen. Für die Interpretation der dielektrischen und piezoelektrischen Untersuchungen sind daher detaillierte Kenntnisse über die strukturellen Änderungen als Funktion der Korngröße notwendig. Um den Einfluss der Korngröße auf die Gitterparameter zu eruieren, wurden fünf verschiedene Zr/Ti-Verhältnisse mit einer konstanten La-Dotierung von 1 mol% bzw. D_{eff} = 0,5 mol% untersucht. In einem weiteren Schritt wurde der Einfluss des Donatorgehaltes anhand dreier verschiedener Modifizierungen, D_{eff} = 1 - 0,125 mol%, bei einem Zr/Ti-Verhältnis von 53/47 analysiert.

Um die röntgenographischen Ergebnisse bestätigen zu können, wurden an drei verschiedenen Zusammensetzungen mit einem Zr/Ti-Verhältnis von 48/52, 52/48 und 55/45, D_{eff} = 0,5 mol%, Raman-Spektren aufgenommen.

4.3.1 Röntgendiffraktometrie

<u>Einfluss des Zr/Ti-Verhältnisses</u>

Wie bereits mehrere Autoren an überwiegend tetragonalen PZT Materialien nachweisen konnten, hat eine Verringerung der Korngröße auch eine Verringerung der tetragonalen Verzerrung des Perowskitgitters zur Folge [15, 102, 142, 144]. Charakteristisch für die Verzerrung der Materialien ist die Aufspaltung des $(002)_{tr}$ und des $(200)_{tr}$ Reflexes bzw. die Aufspaltung des $(111)_{rh}$ und des $(-111)_{rh}$ Reflexes. Eine Verschiebung der Lage dieser Reflexe impliziert unmittelbar eine Änderung der Gitterparameter. Bei einer hohen Verzerrung kann dies allein schon aus der Betrachtung des Röntgendiffrakto-gramms abgeleitet werden. Abb. 43 a) und b) enthält eine Übersicht über die

Auswirkung der Korngröße auf das Röntgendiffraktogramm im Bereich der (200) und (111) Reflexgruppe zwischen einer PZT-Keramik mit Zr/Ti = 48/52 bzw. 55/45. Deutlich ist die Änderung der Glanzwinkel und der Intensitäten der tetragonalen Reflexe, als auch der rhomboedrischen Reflexe zu erkennen.

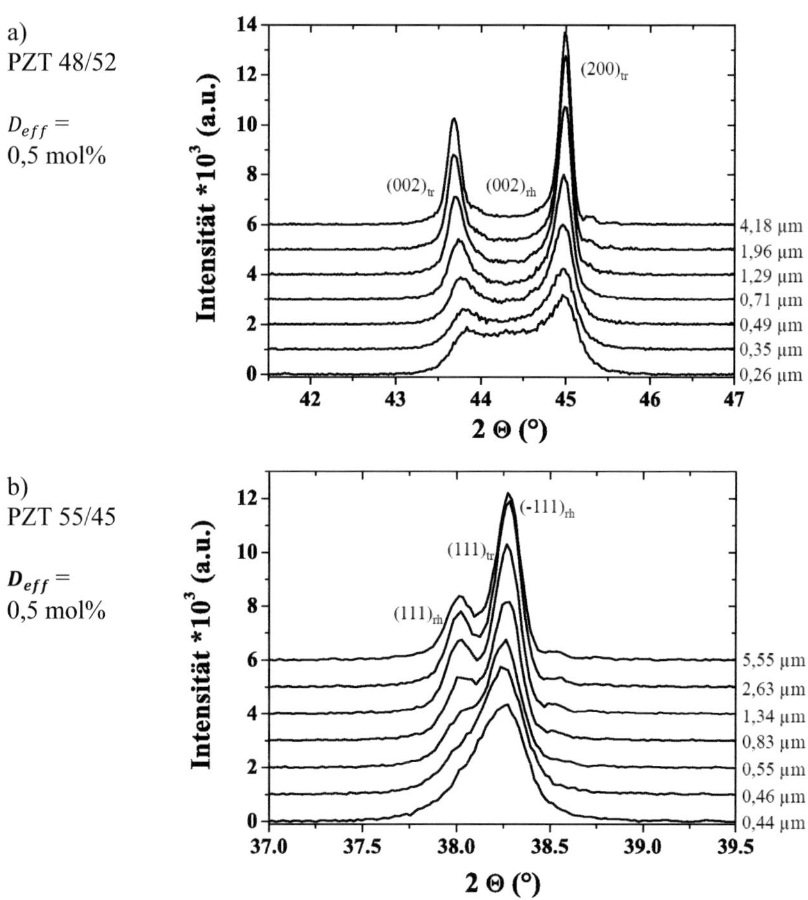

Abb. 43: **XRD Diffraktogramme der (200) Reflexgruppe von PZT 48/52 a) bzw. 55/45 b) dotiert mit einem eff. Donatorgehalt von 0,5 mol% für verschiedene Korngrößen.**

Einen detaillierten Vergleich zwischen einer grobkörnigen und feinkörnigen Probe bietet Abb. 44 a). Zusätzlich sind die Intensitäten der angepassten Reflexprofile eingezeichnet.

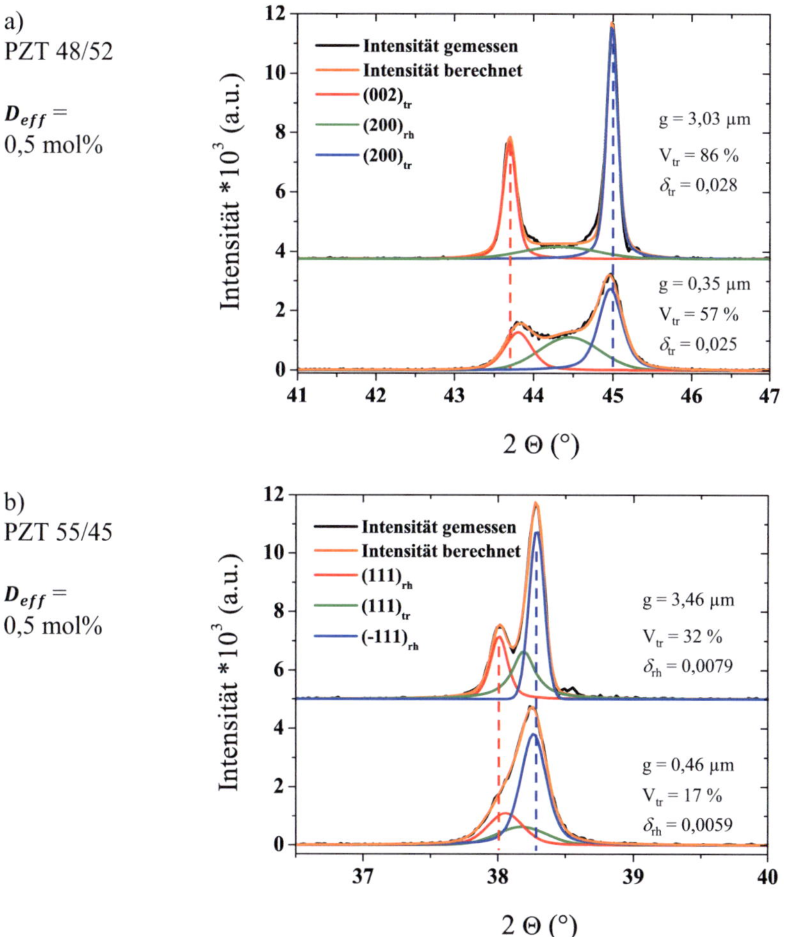

Abb. 44: **Anpassung der (200) bzw. (111) Reflexgruppe durch Gauß-Lorenz-Profilfunktionen für zwei verschiedene Korngrößen der Zusammensetzung PZT 48/52 bzw. 55/45 mit einem eff. Donatorgehalt von 0,5 mol%.**

Während bei einer Korngröße von 3,03 µm von einer annähernd rein tetragonalen Phase ausgegangen werden kann, verringert sich der tetragonale Phasenanteil auf 57% bei einer Korngröße von 0,35 µm. Eine Übersicht über die Gitterparameter ist in Abb. 45 enthalten. Die berechneten Gitterparameter bzw. Phasengehalte stimmen dabei für grobkörnige Materialien im Allgemeinen mit den Arbeiten von Hammer bzw. Hinterstein überein [131, 191].

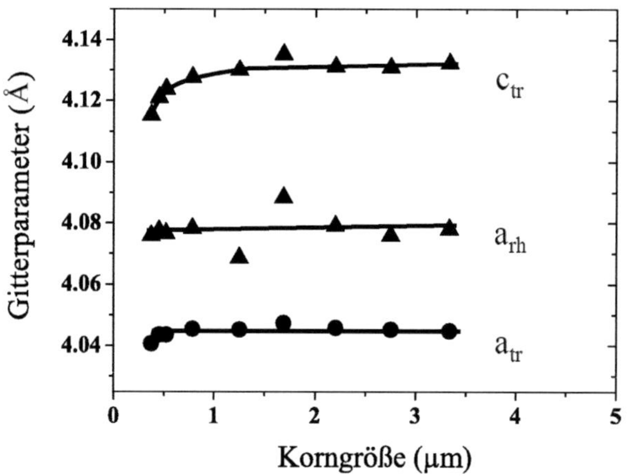

Abb. 45: **Änderung der Gitterparameter für PZT 48/52 mit einem effektiven Donatorgehalt von 0,5 mol%.**

Während eine relativ starke Abnahme der c_{tr} Gitterkonstanten zu beobachten ist, ändert sich die a_{tr} Gitterkonstante nur marginal. Die Verschiebung des $(002)_{tr}$ Reflexes zu einer geringeren Winkellage und die kaum veränderte Lage des $(200)_{tr}$ Reflexes geht bereits aus dem Röntgendiffraktogramm in Abb. 44 a) hervor. Die tetragonale Verzerrung verringert sich um etwa 11% von 0,028 für g = 3,03 µm auf 0,025 für g = 0,35 µm. Neben der Änderung der tetragonalen Verzerrung geht aus Abb. 44 b) auch eine Veränderung der rhomboedrischen Struktur hervor, dargestellt für PZT mit Zr/Ti = 55/45, wie anhand der

Verschiebung der $(111)_{rh}$ bzw. $(-111)_{rh}$ Reflexlagen zu erkennen ist. Eine Verminderung der Reflexaufspaltung bedeutet gleichermaßen eine Verringerung der rhomboedrischen Verzerrung der Elementarzelle. δ_{rh} beträgt für eine Korngröße von 3,46 µm 0,0079 und nimmt bei einer Korngröße von 0,46 µm auf δ_{rh} = 0,0059 ab, was einer Änderung von ≈ 25% entspricht. Eine Übersicht des Einflusses der Korngröße auf die Gitterverzerrung und des tetragonalen Phasengehaltes der untersuchten Zr/Ti-Verhältnisse ist in Abb. 46 a) bzw. b) dargestellt. Die tetragonale Verzerrung erhöht sich erwartungsgemäß bei steigendem Ti-Gehalt von δ_{tr} = 0,022 auf δ_{tr} = 0,029 für grobkörnige Materialien mit einem Ti-Gehalt von 47 – 52 mol%. Die rhomboedrische Verzerrung des Gitters von 0,0079 bei g = 5,55 µm ist ebenfalls vergleichbar mit Literaturwerten vergleichbarer Zusammensetzungen [102].

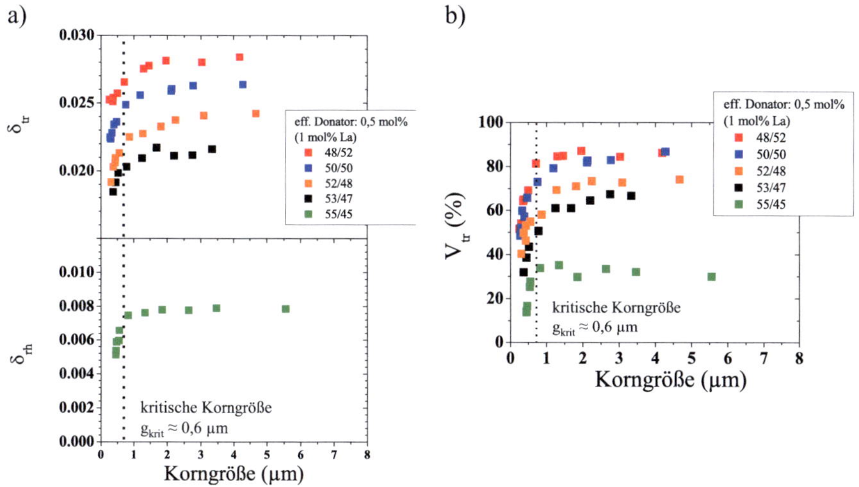

Abb. 46: **Verzerrungsparameter und tetragonaler Phasenanteil für verschiedene Zr/Ti-Verhältnisse als Funktion der Korngröße.**

Bei Verringerung der Korngröße ist für alle Materialien zu Beginn eine recht moderate Abnahme der Verzerrung zu erkennen. Ab einer Korngröße von $\approx 0{,}6$ µm führt jedoch eine weitere Reduzierung der Korngröße zu einer signifikanten Abnahme der tetragonalen sowie der rhomboedrischen Gitterverzerrung um bis zu 20% gegenüber einer Korngröße > 3 µm, siehe Abb. 46 a und b). Diese Korngröße ist als *kritische Korngröße* zu betrachten. In gleicher Weise ist der Einfluss der Korngröße auf den tetragonalen Phasengehalt zu beschreiben. Auch hier ist bis zu einer Korngröße von $\approx 0{,}6$ µm eine relativ geringe Abnahme von lediglich $\approx 10\%$ zu beobachten. Für Korngrößen < 0,6 µm fällt der tetragonale Phasenanteil jedoch um weitere 25% drastisch ab.

Einfluss der Dotierung

Wie die Untersuchung für verschiedene Zr/Ti-Verhältnisse zeigt, existiert für einen eff. Donatorgehalt von 0,5 mol% eine Korngröße von $\approx 0{,}6$ µm, bei der eine signifikante Änderung der Kristallstruktur eintritt. Abb. 47 a) - c) veranschaulicht nun anhand der aufgenommenen Röntgendiffraktogramme den Einfluss der Dotierung auf die Korngrößenabhängigkeit der Kristallstruktur. Dargestellt ist dies für ein Zr/Ti-Verhältnis von 53/47 mit einem eff. Donatorgehalt von 1, 0,5 und 0,125 mol%. Alle drei Zusammensetzungen zeigen eine Veränderung der Reflexintensitäten und der Reflexlagen bei Verringerung der Korngröße. Die Änderung der Struktur findet jedoch in einem anderen Korngrößenbereich statt.

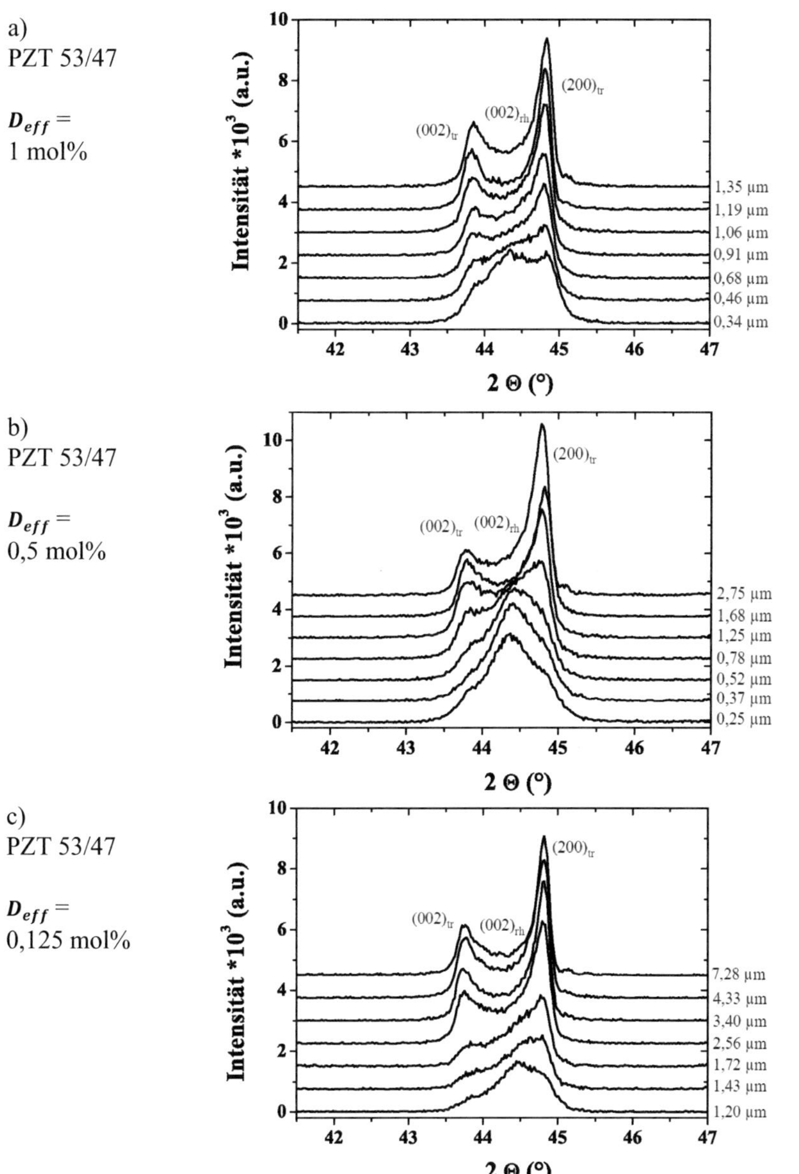

Abb. 47: Darstellung des Korngrößeneinflusses auf die (200) Reflexgruppe für PZT mit einem Zr/Ti-Verhältnis von 53/37 und einem effektiven Donatorgehalt von 1,0 mol%, 0,5 mol% und 0,125 mol%.

Abb. 48 zeigt vergleichend Diffraktogramme für eine Korngröße von 7,28 µm und 1,20 µm für einen effektiven Donatorgehalt von 0,125 mol%. Bei dieser Verringerung der Korngröße ergibt sich eine Verringerung des tetragonalen Phasenanteils um 27% und eine Reduzierung von δ_{tr} um 18%.

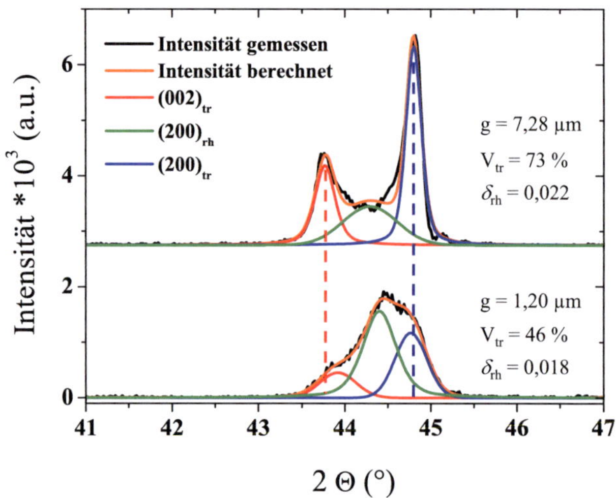

Abb. 48: **Anpassung der (200) Reflexgruppe durch Gauß-Lorenz-Profilfunktionen für zwei verschiedene Korngrößen der Zusammensetzung PZT 53/47 mit D_{eff} = 0,125 mol%.**

Ein Vergleich des berechneten Verzerrungsparameters δ_{tr} und des tetragonalen Phasengehalts in Abhängigkeit vom effektiven Donatorgehalt ist in Abb. 49 a) bzw. b) dargestellt. Hieraus ergibt sich eine Verschiebung der kritischen Korngröße von ≈ 0,6 µm auf ≈ 2 µm für einen eff. Donatorgehalt von 0,125 mol% im Gegensatz zu dem Material mit 0,5 mol%. Für die Zusammensetzung mit 1 mol% eff. Donatorgehalt ist gegenüber 0,5 mol% ein lediglich marginaler Unterschied feststellbar. Bemerkenswert ist jedoch die Änderung des tetragonalen Phasengehalts, welcher im korngrößenabhängigen Verlauf kein Sättigungsverhalten zeigt.

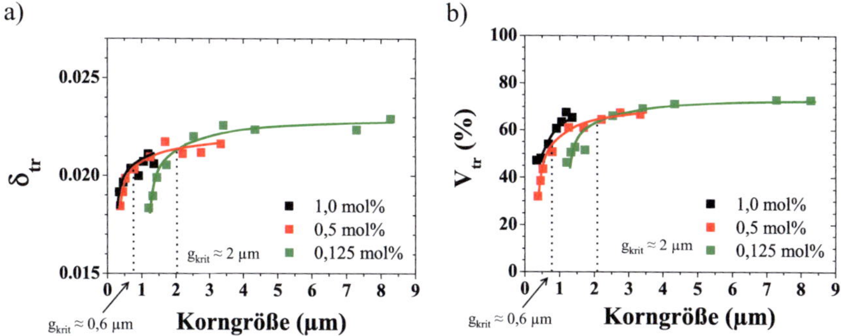

Abb. 49: **Verzerrungsparameter und tetragonaler Phasenanteil für verschiedene effektive Donatorgehalte bei einem Zr/Ti-Verhältnis von 53/47 als Funktion der Korngröße.**

4.3.2 Ramanspektroskopie

Aufgrund der Korrelation der auftretenden Schwingungsmoden mit der Symmetrie der Elementarzelle eignet sich die Ramanspektroskopie zur Untersuchung von displaziven Phasenumwandlungen sowie von Ordnungs-Unordnungs-Prozessen (order-disorder) [192]. Detaillierte Untersuchungen mittels Ramanspektroskopie im System PZT sind den Ref. [193-196] zu entnehmen. Abb. 50 zeigt Spektren der Zusammensetzung PZT 48/52, 52/48 und 55/45 mit einem eff. Donatorgehalt von 0,5 mol%. Bei diesem strukturellen Übergang von tetragonaler ($P4mm$) zu rhomboedrischer ($R3m$) Symmetrie lassen sich charakteristische Veränderungen der Spektren feststellen.

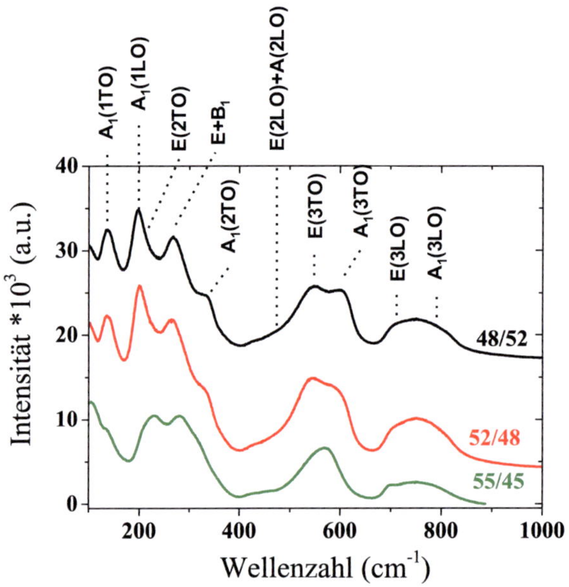

Abb. 50: **Raman-Spektrum der Zusammensetzungen PZT 48/52, 52/48 und 55/45 mit D_{eff} = 0,5 mol%.**

Es tritt eine starke Verringerung der Intensitäten für die Phonon-Moden A_1(1TO), A_1(1LO) und A_1(2TO) bzw. eine starke Verschiebung der Wellenzahlen für A_1(1LO) und E(3TO) ein. Eine ausführliche Beschreibung der einzelnen Schwingungsmoden ist in den Ref. [176, 194] enthalten.

Ein besonderes Augenmerk ist auf die Mode A_1(1TO) zu legen. Bei dieser Schwingung handelt es sich um eine entgegengesetzte Verschiebung der Ti^{4+} und O^{2-} Ionen relativ zum Pb^{2+} Untergitter, siehe Abb. 51 [197-199]. Ausgehend von theoretischen Überlegungen, welche ein proportionales Verhalten zwischen der Wellenzahl $\tilde{\nu}$ der Mode A_1(1TO) und des Ordnungsparameters der ferroelektrischen Phasenumwandlung (spontane Polarisation P_S) erkennen lassen [200, 201], konnten Burns et al. auch einen experimentellen Beleg für

$\tilde{v}\big(A_1(1TO)\big) \propto P_s$ nachweisen [177]. Die spontane Polarisation ist über die Beziehung $\delta = k \cdot P_s^2$ mit dem Deformationsparameter δ der Perowskit-elementarzelle verbunden. Der Faktor k wird dabei für tetragonale Zusammensetzungen durch die Differenz der Elektrostriktionskoeffizienten Q_{11} und Q_{12} und für rhomboedrische Strukturen durch den Quotienten $Q_{44}/\sqrt{3}$ ausgedrückt.

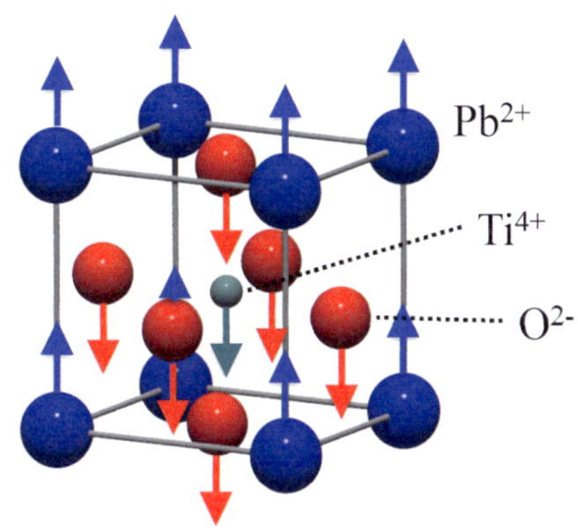

Abb. 51: **Verschiebung der Ti⁴⁺ und O²⁻ Ionen im Gegensatz zum Pb²⁺ Untergitter entsprechend des A₁(1TO) Phonon nach [197, 198].**

Für Materialien mit rein tetragonaler Kristallstruktur kann somit, aufgrund der Schwingungscharakteristik des A₁(1TO) Modes, aus einer Veränderung der Wellenzahl auch auf eine Änderung der Deformation der Elementarzelle geschlossen werden. Diese Korrelation bedingt jedoch einen zu vernachlässigenden Einfluss der Temperatur- bzw. Zusammensetzungs-abhängigkeit der Elektrostriktionskoeffizienten [202]. Für die Untersuchung des Korngrößeneinflusses auf die Kristallstruktur muss bei der beschriebenen

Interpretation des A_1(1TO) Modes ebenfalls von einer Konstanz der chemischen Beschaffenheit der Probe ausgegangen werden.

Untersuchungen an nanokristallinen Materialien, wie z.B. $SrBi_2Ta_2O_9$ oder $PbTiO_3$ zeigen, dass diese Korrelation zwischen der Verschiebung des A_1(1TO) Modes und einer Veränderung der Kristallstruktur ferroelektrischer Materialien durchgeführt werden kann [203-206]. Eine Verringerung der Korngröße führte in jedem Fall zu einer geringeren Wellenzahl, was einer geringeren Schwingungsenergie entspricht ($\tilde{v} \propto E$) und mit einer gleichzeitigen Abnahme der tetragonalen Verzerrung korreliert.

Die Abb. 52 a) - c) stellen den Einfluss der Korngröße auf die Raman-Spektren der untersuchten Zusammensetzungen dar. Bei allen drei Zusammensetzungen ist eine Verschiebung der A_1(1TO) Absorptionsbande zu einer geringeren Wellenzahl erkennbar. In Abb. 53 a) ist die Korngrößenabhängigkeit dieser Schwingungsmode dargestellt. Entsprechend des bereits diskutierten Einflusses der Korngröße ergibt sich aus einer Abnahme der Wellenzahl eine Verminderung der Deformation des Perowskitgitters. Insbesondere bei Korngrößen < 1µm ist eine starke Verschiebung der Wellenzahl zu erkennen. $\tilde{v}$ des Materials mit einem Zr/Ti-Verhältnis von 52/48 liegt dabei unter denen von PZT mit Zr/Ti: 48/52, welches ein größeres c/a Verhältnis besitzt.

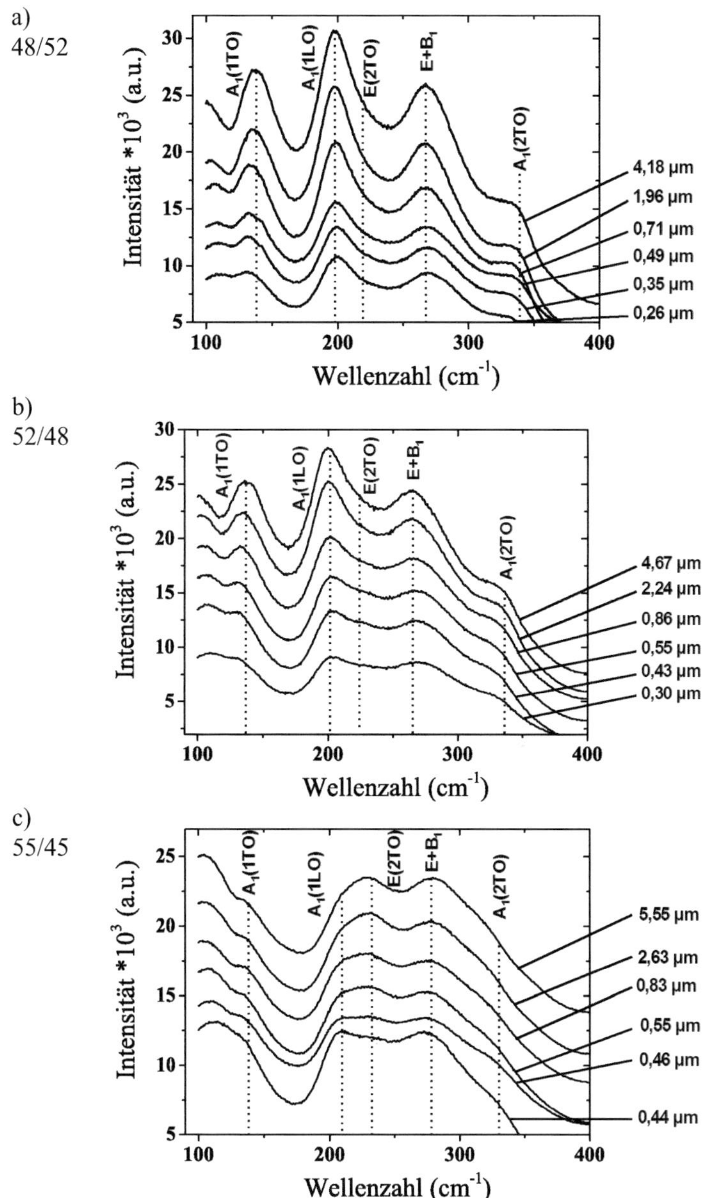

Abb. 52: Raman-Spektren der Zusammensetzungen PZT 48/52, 52/48 und 55/45 mit D_{eff} = 0,5 mol% für verschiedene Korngrößen.

Die rhomboedrische Zusammensetzung scheint ebenfalls eine Veränderung der A_1(1TO) Mode aufzuzeigen. In diesem Fall ist eine einfache Korrelation zwischen der Lage bzw. Wellenzahl und der Kristallstruktur nur bedingt möglich. Es wird aber in diesem Fall ein ähnlicher Zusammenhang vermutet. Neben der beobachteten Änderung der A_1(1TO) Phonon Mode erfährt A_1(2TO) eine ähnliche Änderung der Wellenzahl. Diese Phonon Mode repräsentiert die Molekülschwingung zwischen den Ti^{4+} Ionen im Verhältnis zu den Pb^{2+} und O^{2-} Ionen des Gitters.

Aus Abb. 52 a) - c) geht ebenfalls eine Zunahme der Halbwertsbreite der Schwingungsmoden hervor. Abb. 53 b) zeigt dies für die A_1(1TO) Mode. Eine genaue Interpretation ist jedoch sehr komplex. Eine Verbreiterung der Raman Banden wurde ebenfalls bei nanokristallinen Systemen beobachtet und mit dem Einfluss der Korngröße beschrieben [204, 206]. Ähnliche Effekte der Verbreiterung treten jedoch auch bei Phasenumwandlungen zwischen einer geordneten und ungeordneten ferroelektrischen Struktur auf [192, 207].

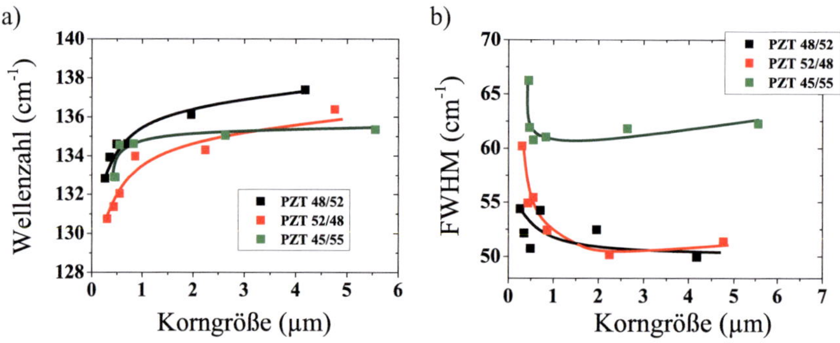

Abb. 53:   **Einfluss der Korngröße auf die Wellenzahl a) und die Halbwertsbreite b) der A_1(1TO) Mode bei D_{eff} = 0,5 mol% für verschiedene Zr/Ti - Verhältnisse.**

4.4 Einfluss der Korngröße auf das Dispersionsspektrum der Permittivität

Die Beiträge zur Permittivität eines Ferroelektrikums basieren auf intrinsischen und extrinsischen Effekten. Der intrinsische Beitrag wird charakterisiert durch die Permittivität entlang der entsprechenden kristallographischen Richtungen. Die extrinsischen Beiträge repräsentieren die Anteile, die durch die Bewegung ferroelektrischer Domänenwände hervorgerufen werden. Die Domänenwand-beiträge korrelieren dabei stark mit der Kristallstruktur bzw. den kristallographischen Phasenanteilen, mit der Dichte der Domänenwände, mit der Domänenstruktur, mit der Domänenbeweglichkeit und mit der Defektchemie (harte oder weiche Dotierung). Aus dem Dispersionsspektrum der komplexen Permittivität ist es möglich, den Beitrag extrinsischer Effekte zu untersuchen und Änderungen in der Domänenbeweglichkeit festzustellen. In diesem Kapitel wird der Einfluss der Korngröße auf das Dispersionsspektrum von 20 Hz bis 20 GHz ermittelt. Besonderes Augenmerk erfährt hierbei die Änderung des Anstiegs der logarithmischen Dispersion und der Relaxationsfrequenz.

4.4.1 Dispersion zwischen 20 Hz und 1 MHz

Einfluss des Zr/Ti Verhältnisses

Abb. 54 a) - d) zeigen den Einfluss der Korngröße auf den Realteil der komplexen Permittivität zwischen 20 Hz und 1 MHz für vier verschiedene Zr/Ti - Verhältnisse. Während sich für eine Korngröße > 3 µm das bekannte Bild mit einem deutlichen Maximum von ε' im Bereich der morphotropen Phasengrenze darstellt, so verändert sich dies für kleine Korngrößen deutlich. Weiterhin konnte für alle untersuchten Zusammensetzungen ein Anstieg der Permittivität bei fallender Korngröße festgestellt werden, welcher bei der überwiegend rhomboedrischen Zusammensetzung (55/45) besonders ausgeprägt war. Abb. 55 a) enthält die aus der Analyse abgeleitete Permittivität ε_0'. Auffallend ist die intensive Zunahme für die rein tetragonale und überwiegend rhomboedrische Zusammensetzung im Vergleich zu der morphotropen Zusammensetzung mit einem Zr/Ti-Verhältnis von 53/47. Diese Änderung führt zu einer Nivellierung des zusammensetzungsabhängigen Maximums der Permittivität im Bereich der morphotropen Phasengrenze.

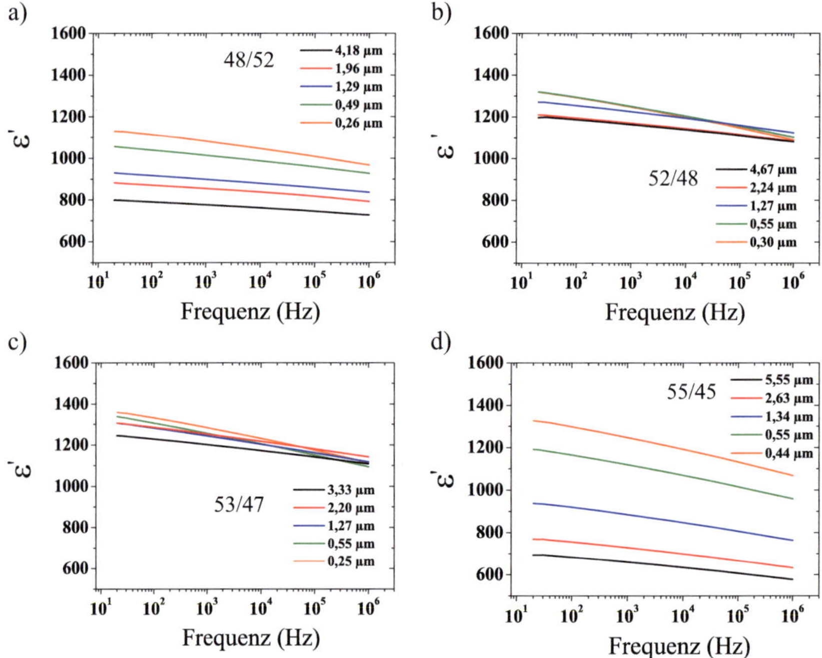

Abb. 54: **Realteil der komplexen Permittivität als Funktion der Frequenz für unpolarisierte PZT Materialien der Zusammensetzung: a) 48/52, b) 52/48, c) 53/47 und d) 55/45; D_{eff} = 0,5 mol%.**

Neben der Zunahme von ε_0' geht aus Abb. 54 a) - d) auch eine Änderung der Steigung α der logarithmischen Dispersion hervor, welche für alle untersuchten Zr/Ti-Verhältnisse bei Verringerung der Korngröße zunahm. Die Erhöhung des Parameterwertes von α bedeutet hierbei einen stärkeren Abfall der Permittivität bei steigender Frequenz. Eine zusammenfassende Darstellung von α ist in Abb. 55 b) dargestellt. Zusammensetzungen im Bereich der morphotropen Phasengrenze zeigen dabei höhere Werte für α als rein tetragonale Zusammensetzungen und eine stärkere Zunahme bei kleiner werdender Korngröße.

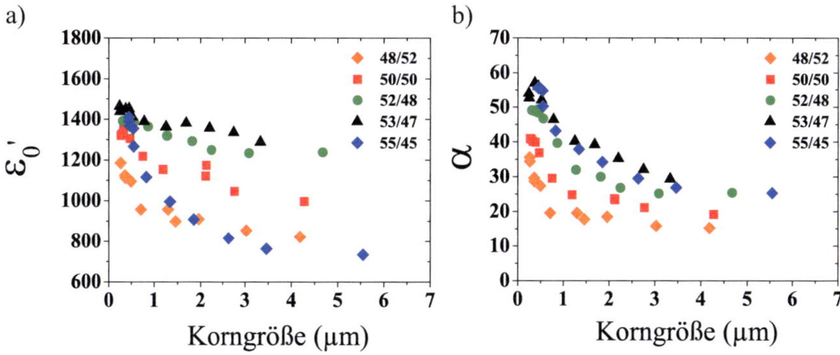

Abb. 55: Einfluss der Korngröße auf ε_0' a) und α b) für verschiedene Zr/Ti-Verhältnisse.

Wie bereits in Kapitel 2.2.3 beschrieben wurde, wird der signifikante Unterschied in α zwischen hart und weich dotierten PZT-Materialien, siehe Abb. 21, auf eine Änderung der Domänenwandbewegungen zurückgeführt [121]. Akzeptor dotierte Materialien weisen dabei sehr kleine Werte für α im Vergleich zu Donator dotierten Werkstoffen auf [121, 164, 166]. Die Verringerung der Domänenwandbewegung gilt als Schlüsseleffekt für die geringeren elektromechanischen Eigenschaften und die hohen

Koerzitivfeldstärken für hart dotierte PZT Materialien. Im Allgemeinen wird angenommen, dass Domänenwände durch Gitterfehlstellen bzw. geladene Defekte beeinflusst werden [83].

Generell werden bei Donator dotierten PZT Materialien hohe Werte für α, gekoppelt mit einem annähernd konstanten ε'', beobachtet, siehe Abb. 21 und Abb. 26. Dieses Phänomen wird ebenfalls in anderen Stoffsystemen gefunden, wie z.B. Relaxor-Ferroelektrika [208, 209] KNN 50/50 bei Raumtemperatur [210] und PMN-PT [211]. Zur Beschreibung dieses Verhaltens wird oftmals eine unregelmäßige polare Struktur der Materialien zu Grunde gelegt (polar disorder). Dies könnten z.B. Nanodomänen, polare Nanoregionen bzw. polare Nanocluster sein. Die Tatsache, dass Akzeptor dotierte Materialien eine sehr feine Domänenstruktur besitzen und nahezu keine logarithmische Dispersion der Permittivität im Frequenzbereich zwischen 1 Hz und 100 MHz zeigen, steht dem jedoch entgegen [164]. Vielmehr muss in diesem Modell die Kopplung der einzelnen Defekte zu Defektdipolen $\left(Fe'_{Zr,Ti} - V_O^{\bullet\bullet}\right)^\bullet$ berücksichtigt werden. Abb. 56 zeigt den Einfluss des Abschreckens einer akzeptordotierten Probe auf die Steigung α. Als Grund für diese Änderung wird eine Störung der geordneten Defektdipole vermutet [121]. Die Immobilisierung der Domänenwände wird dadurch verringert, was zu einem höheren Wert für α führt.

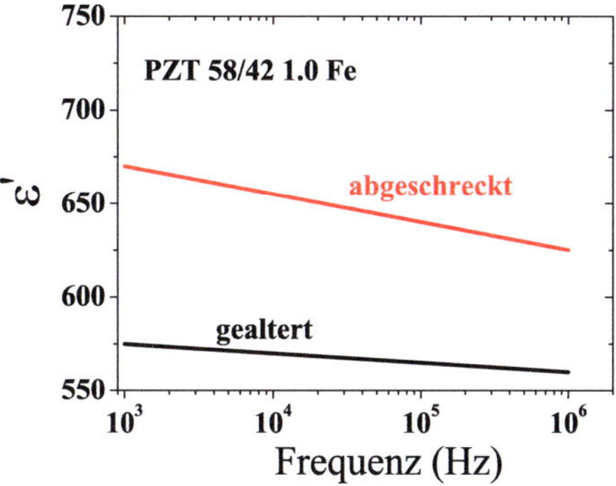

Abb. 56: ε' **für PZT 58/42 dotiert mit 1,0 mol% Fe im gealterten und abgeschreckten Zustand nach [121].**

Bei Donator dotierten Materialien wird dabei angenommen, dass keine vergleichbar geordnete Struktur der Defektspezies existiert, die zu einem $(La_{Pb}^{\bullet} - V_{Pb}'')'$ Defektdipol führen würde. Dieses Modell zugrunde legend lässt vermuten, dass die Zunahme von ε_0' und α bei Verringerung der Korngröße durch eine <u>Erhöhung der „polaren Unordnung"</u> hervorgerufen wird. Das Material besitzt somit eine unregelmäßigere polare Struktur. Dies hat eine unmittelbare Auswirkung auf die Bewegung der Domänenwände um ihre Ruhelage. Die Zunahme von ε_0' und α korreliert dabei mit der Abnahme der Verzerrung des Perowskitgitters und der Verminderung des tetragonalen Phasengehaltes.

Eine weitere Rolle spielt womöglich die stetige Verringerung der Domänengröße. Eine Erhöhung der Domänenwanddichte in Kombination mit einer entsprechenden Domänenwandbeweglichkeit könnte möglicherweise auch zu einer Erhöhung von ε_0' und α führen. Ein Anstieg der Domänenwanddichte allein kann jedoch nicht zu dem experimentell beobachteten Ergebnis führen. Die Domänenwanddichte in Akzeptor-dotierten Materialien ist wesentlich höher als in Donator dotierten Werkstoffen.

Einfluss der Dotierung

Abb. 57 a) und b) stellen den Einfluss einer unterschiedlichen eff. Donatordotierung auf die Korngrößenabhängigkeit von ε_0' und α graphisch dar. Im Wesentlichen zeigt sich eine Erhöhung für ε_0' und α bei Verringerung der Korngröße. Die Zusammensetzung mit 1 mol% eff. Donatordotierung zeigt als einzige ein abweichendes Verhalten für ε_0' ab Korngrößen < 0,7 µm. Aus Abb. 57 b) ist zu entnehmen, dass unterhalb einer Korngröße von 2 µm für 0,125 mol% eff. Donatorgehalt bzw. unterhalb von 0,6 µm für 0,5 mol% eff. Donatorgehalt ein etwas stärkerer Anstieg für α zu verzeichnen ist. Bemerkenswert ist dabei die gewisse Ähnlichkeit mit der beobachteten Trendentwicklung der strukturellen Eigenschaften in Abb. 49.

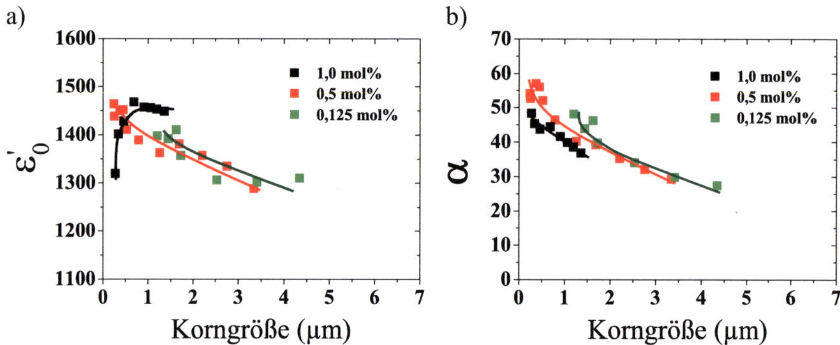

Abb. 57: **Einfluss der Korngröße auf ε_0' a) und α b) für verschiedene effektive Donatorkonzentrationen.**

4.4.2   Relaxationsverhalten im GHz Bereich

Untersuchungen zum Einfluss der Korngröße auf die Relaxationsfrequenz wurden bereits an $BaTiO_3$ von McNeal et al. [212-214] und an PZT von Jin et al. [121, 165] bzw. Böttger und Arlt durchgeführt [155, 160]. Dabei wurde im Wesentlichen eine Erhöhung der Relaxationsfrequenz f_r bei Verringerung der Korngröße beobachtet. Jedoch wurde die einzige bekannte systematische Untersuchung an PZT Materialien mit teilweise unterschiedlichen Zusammensetzungen und im gepolten Zustand durchgeführt [165].

Abb. 58 a) - c) zeigt den Real- bzw. Imaginärteil der Permittivität im Frequenzbereich zwischen 10^6 und $2*10^{10}$ Hz für drei ausgewählte PZT-Materialien mit je drei unterschiedlichen Korngrößen. Wesentliche Merkmale der Spektren sind, wie bereits in Kapitel 4.3.1 diskutiert, eine korngrößenabhängige Änderung von α und die Verschiebung der Relaxations-frequenz zu höheren Frequenzen, bei kleiner werdender Korngröße. Die Dispersion zeigt im Grunde genommen eine Debye-Relaxation. Hierbei ist aber zu beachten, dass das Modell nach Peter Debye eine Reorientierung von nicht interagierenden Dipolen voraussetzt. In einem Ferroelektrikum unterliegen die einzelnen Dipole bzw. Domänen einem wesentlich komplexeren Wechselspiel und es muss von einer Interaktion der Domänen ausgegangen werden. Abweichungen von einem klassischen Debye Charakter bestehen zum Beispiel in dem geringen Anstieg von ε_0' vor der Relaxationsstufe und in einem weiterhin fallenden Verlauf oberhalb der Relaxation. Das bisher detaillierteste Modell zur Beschreibung der Relaxation in ferroelektrischen Werkstoffen wurde von Arlt et al. eingeführt [155, 156]. Ihm zugrunde gelegt ist die Schallabstrahlung eines „Domänenstapels" durch Anregung, aufgebaut aus einer 90° Domänenkonfi-guration. Es besteht auch die Möglichkeit, eine gebänderte Domänenstruktur, wie sie in grobkörnigem $BaTiO_3$ auftritt, zu simulieren.

a)
50/50
$D_{eff} =$
0,5 mol%

b)
52/48
$D_{eff} =$
0,5 mol%

c)
53/47
$D_{eff} =$
0,125 mol%

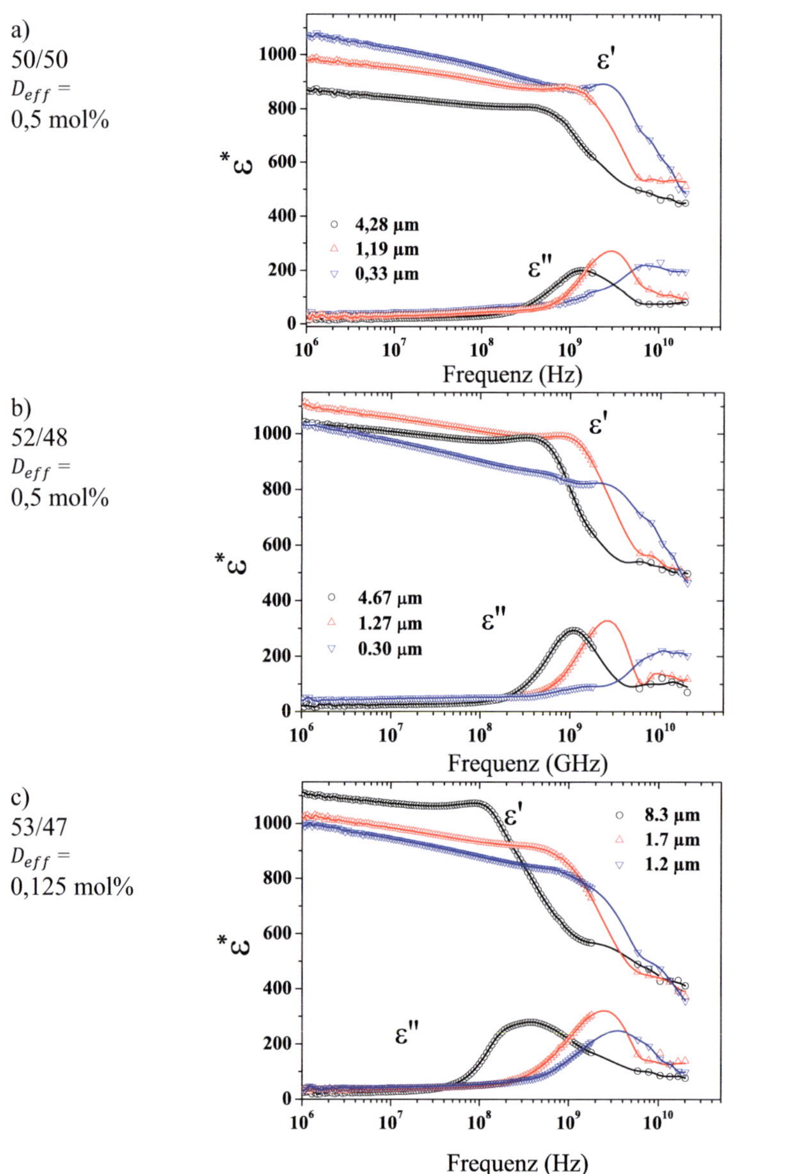

Abb. 58: **Darstellung der komplexen Permittivität im Bereich zwischen 10^6 und $20*10^{10}$ Hz für die Zusammensetzungen PZT 50/50 0,5 mol% a), 52/48 0,5 mol% und 53/47 mit 0,125 mol% eff. Donatordotierung.**

Für BaTiO$_3$ (g $\approx$ 50 µm) beschreibt das Modell sehr gut das experimentell beobachtete Verhalten [160]. Aus dem Modell folgen die Gleichungen für die Relaxationsfrequenz der Domänenwand $f_{r,DW}$ (siehe auch Gl. 2.18) und der eines Korns ($f_{r,Korn}$) zu:

$$f_{r,DW} = \sqrt{\frac{c_{55}}{\pi^2 \rho}} \cdot \frac{1}{d} \qquad (4.2)$$

$$f_{r,Korn} = \sqrt{\frac{c_{55}}{\pi^2 \rho}} \cdot \frac{z}{4g} \qquad (4.3)$$

Der Faktor z ist ein Maß für die gegenseitige Klemmung der Körner. Für einen Wert von z = 1,5 ist diese minimal und für z = 4 maximal [160]. Aus Gl. 4.2 ist es somit möglich, f_r aus der in Kapitel 4.1.2 ermittelten Domänenbreite abzuschätzen. Für PZT 52/48 (D_{eff} = 0,5 mol%) mit den Parametern g = 0,55 µm, ρ = 7,935 gcm^{-3}, c_{55} = 2,62*10^{10} Nm^{-1} und d = 30 nm ergibt sich für $f_{r,DW}$ eine Frequenz von 19,28 GHz. Diese weicht sehr stark von der gemessenen Frequenz f_r = 5,86 GHz ab. Für $f_{r,Korn}$ lässt sich eine Frequenz von 0,79 GHz berechnen, welche deutlich zu klein ist. Anscheinend ist es also nicht möglich, eine korrekte Frequenz aus dem Model von Arlt zu berechnen.

Aus Gl. 4.2 und der Annahme $d \propto g^{0,5}$ folgt ein genereller Zusammenhang zwischen der Relaxationsfrequenz für eine Domänenwand und der Korngröße entsprechend:

$$\frac{1}{f_{r,DW}} \propto g^{0,5} \tag{4.4}$$

Dieser erfolgt unter der Voraussetzung, dass ρ und c_{55} eine zu vernachlässigende Korngrößenabhängigkeit besitzen.

Abb. 59 zeigt in einer doppelt logarithmischen Darstellung die inverse Relaxationsfrequenz aller gemessenen Proben als Funktion der Korngröße. Aus dieser Darstellung heraus ergibt sich ein linearer Zusammenhang zwischen $1/f_r$ und der Korngröße. Die Relaxationsfrequenz scheint dabei nicht maßgeblich von dem Zr/Ti-Verhältnis oder der Dotierung des PZT-Materials beeinflusst zu werden. Es ergibt sich ein mittlerer Anstieg der Geraden von 0,85 $\pm$ 0,13. Zu erwarten wäre nach Gl. 4.4 ein Anstieg von 0,5. Für reines $BaTiO_3$ ergibt sich ebenfalls eine starke Abweichung zwischen dem theoretisch erwarteten Wert für $1/f_r$ und den tatsächlich beobachteten Relaxationsfrequenzen bei Korngrößen < 10 µm, siehe Abb. 60. Offensichtlich treten weitere Mechanismen bei PZT- oder feinkörnigen $BaTiO_3$-Materialien auf, die durch das Modell nicht beschrieben werden.

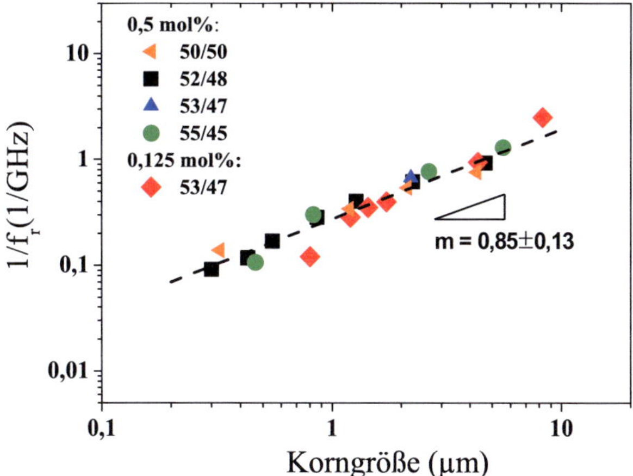

Abb. 59: Abhängigkeit der inversen Relaxationsfrequenz von der Korngröße der Keramik für PZT-Materialien mit verschiedenen Zr/Ti-Verhältnissen und Dotierungen.

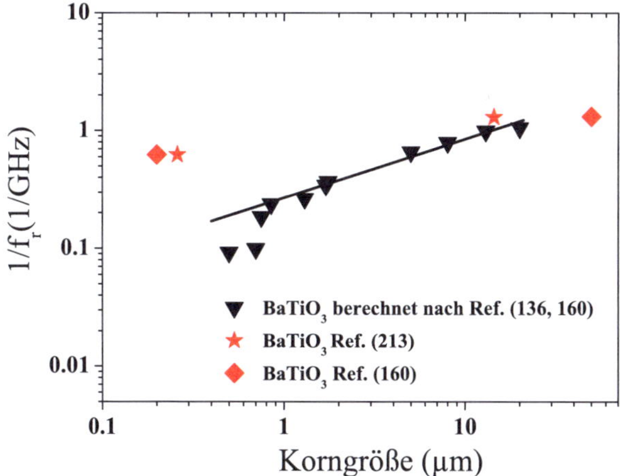

Abb. 60: Vergleich zwischen der berechneten, inversen Relaxationsfrequenz (schwarz) und den tatsächlich beobachteten Werten (rot) für $BaTiO_3$.

4.4.3 Einfluss der Polarisation auf die Permittivität

Für eine vollständigere Analyse des Korngrößeneinflusses auf die dielektrischen Eigenschaften müssen auch polarisierte Keramiken betrachtet werden. Abb. 61 zeigt den Realteil der Permittivität zweier unterschiedlicher Korngrößen im thermisch depolarisierten und gepolten Zustand. Nach der Beschreibung in Kapitel 2.1.6 führt die durch die Polarisation herbeigeführte, kristallographische Texturierung des Materials zu einer Änderung der Permittivität. Für tetragonale PZT-Keramiken nimmt ε' zu, für rhomboedrische Zusammensetzungen ist eine Verminderung von ε' festzustellen. Für grobkörnige tetragonale Materialien im Bereich der MPB ist die Zunahme besonders hoch, siehe Abb. 61. Die Steigung α zeigt jedoch keinen Unterschied zwischen dem polarisierten und unpolarisierten Zustand. Bei feinkörnigen PZT-Materialien ist dagegen ein anderes Verhalten für ε'_0 und α zu beobachten. Während ein signifikanter Rückgang der Steigung von 49 auf 32 beobachtet werden kann, wird für ε' eine lediglich moderate Änderung festgestellt.

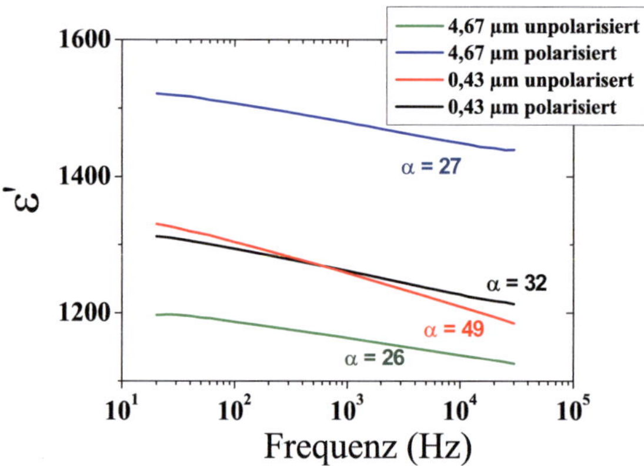

Abb. 61: **Einfluss der Polarisation auf ε'_0 und α für zwei verschiedene Korngrößen der Zusammensetzung PZT 52/48, $D_{eff} = 0{,}5$ mol%.**

Eine Übersicht über die Änderung von ε_0' und α durch die Polarisation ist für verschiedene Zr/Ti –Verhältnisse mit einer eff. Donatordotierung von 0,5 und für PZT 53/47 mit 0,125 mol% in Abb. 62 a) - h) dargestellt. Für große Korngrößen zeigen die Untersuchungen das zu erwartende Bild einer Zunahme von $\varepsilon_{0,pol}'$ für tetragonale Zusammensetzungen und eine Abnahme für das Material mit überwiegend rhomboedrischer Struktur. Tetragonale Zusammensetzungen zeigen keine Veränderung für α, lediglich PZT 55/45 mit 0,5 mol% e_{eff} weist eine Abnahme auf. Wird die Korngröße verringert, so zeichnet sich ein charakteristischer Unterschied zwischen tetragonaler und rhomboedrischer Kristallstruktur bezüglich $\varepsilon_{0,pol}'$ und α_{pol} gegenüber den Werten unpolarisierter Proben ab. Für Materialien mit tetragonalem bzw. überwiegend tetragonalem Phasenbestand steigt ε_0' zu Beginn an, ab einer Korngröße von ≈ 1 µm fällt diese jedoch wieder ab, siehe Abb. 62 a) und c). Zudem stellt sich eine signifikante Abnahme von α_{pol} gegenüber α_{unpol} im gleichen Korngrößenbereich ein. Die überwiegend rhomboedrische Zusammensetzung weist im Gegensatz dazu keine Verringerung von $\varepsilon_{0,pol}'$ auf, selbst bei Korngrößen < 1 µm ist eine stetige Zunahme festzustellen. Für α_{pol} ist jedoch bei 1 µm eine Änderung im Verlauf zu erkennen. Die Zusammensetzung PZT 53/47 mit $D_{eff} = 0,125$ mol% folgt im Wesentlichen dem gleichen Trendverlauf wie PZT 52/48 mit $D_{eff} = 0,5$ mol%, jedoch mit unterschiedlicher Intensität. Aufgrund des verschiedenen Donatorgehalts ist bereits ab einer Korngröße $< 3,5$ µm eine Abnahme von $\varepsilon_{0,pol}'$ in Korrelation mit einer Änderung von α_{pol} gegenüber dem unpolarisierten Zustand zu beobachten. Bei der Interpretation der Ergebnisse sind mehrere wichtige Mechanismen, die zu einer Änderung beitragen können, zu berücksichtigen. Zum einen ist dies die bereits erwähnte Orientierung der spontanen Polarisation in Richtung des elektrischen Feldvektors und zum anderen ist dies die Änderung der Domänenstruktur selbst.

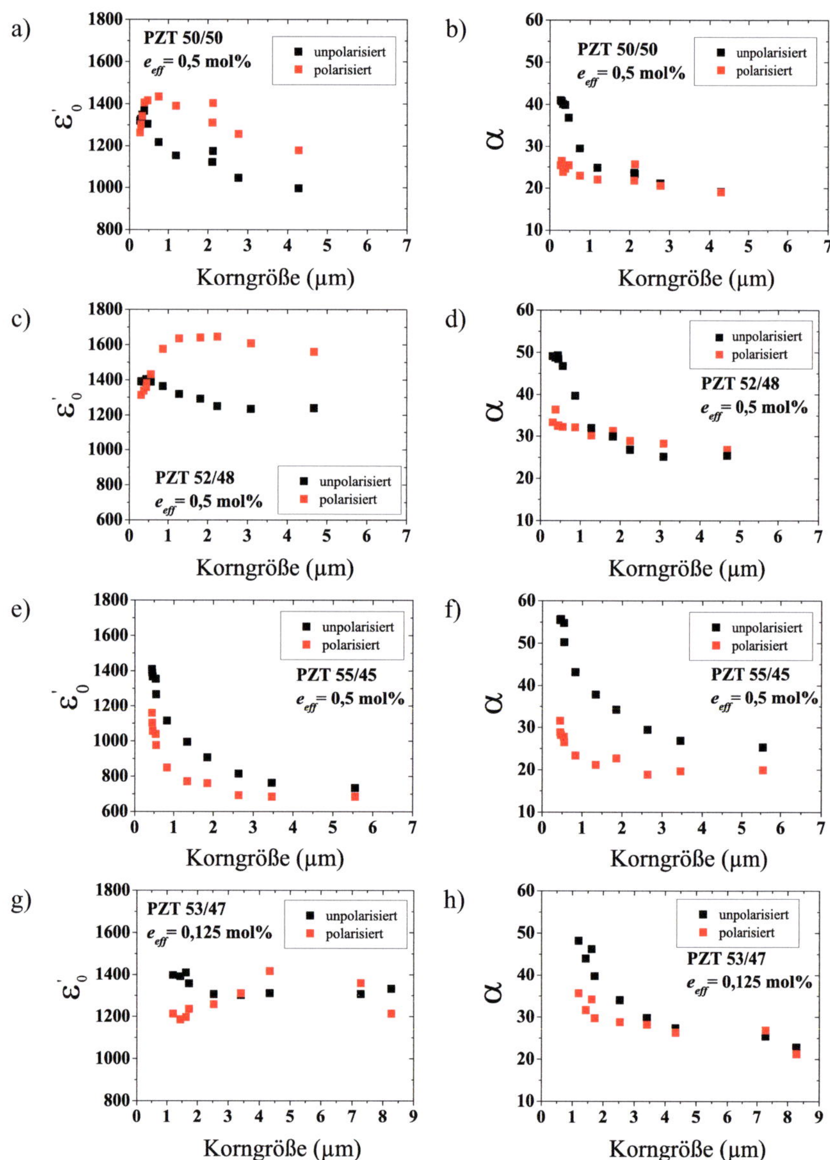

Abb. 62: **Änderung von ε'_0 und α durch Polarisierung der Materialien, dargestellt für verschiedene Zr/Ti-Verhältnisse und verschiedene eff. Donatorgehalte.**

Weiterhin führt die Verringerung der Korngröße zu einer Veränderung der Domänenkonfiguration und Domänengröße bzw. Domänendichte. Der Begründung aus Kapitel 2.1.6 Folge leistend, führt die Verringerung der Domänenwanddichte bei grobkörnigen tetragonalen Zusammensetzungen zu einer Verminderung des „domain clamping" und somit zu einer Erhöhung der Permittivität. Dies hat offensichtlich keinen Einfluss auf die Steigung α. Ab einer Korngröße von 1 µm findet jedoch eine signifikante Reduzierung der Verzerrung des Perowskitgitters und des tetragonalen Phasengehaltes statt, verbunden mit einer Änderung der Domänenkomplexität. Dieses Wechselspiel führt möglicherweise zu der beobachteten Änderung der Steigung α und des Abfalls der Permittivität durch den Polarisierungsprozess.

Bei Materialien mit rhomboedrischer Struktur kann der Mechanismus des „domain clamping" bei großen Korngrößen vernachlässigt werden. Die Permittivität ε_0' nimmt aufgrund $\varepsilon_{33} < \varepsilon_{11}$ durch die Polarisation des Materials ab. Nach Abb. 62 e) zu urteilen, trifft dies auf den gesamten Korngrößenbereich zu. Auch für α ist eine geringe Abnahme zu verzeichnen, was durch die Reduzierung der Domänenwanddichte zu erklären ist. Die Verringerung der Korngröße führt nun auch zu einer Erhöhung der Permittivität, als auch zu deren Frequenzabhängigkeit. Bei dieser Zusammensetzung führt ebenfalls die Verminderung der Korngröße unterhalb 1 µm zu einem signifikanten Anstieg der Steigung α, jedoch auch, im Gegensatz zu tetragonalen Zusammensetzungen, zu einer starken Erhöhung von $\varepsilon_{0,pol}'$. Die Ergebnisse der strukturellen Untersuchungen lassen den Schluss zu, dass auch in diesem Fall mit einer geringeren spontanen Polarisation zu rechnen ist. Möglicherweise führt aber gerade die durch die geringe Korngröße bedingte, einfache Domänenstruktur in Verbindung mit der Erhöhung des Volumenanteils der dadurch gestörten Gitterbereiche zu einer Zunahme der Permittivität und der Steigung α.

Im Folgenden wird der Einfluss der Polarisation auf die Relaxation im GHz-Bereich dargestellt.

Wie aus Kapitel 4.3.2 zu entnehmen ist, besteht eine erhebliche Differenz zwischen den beobachteten Relaxationsfrequenzen und der Vorhersage aus dem Modell nach Arlt et al.. Es stellt sich somit erneut die Frage nach der physikalischen Ursache des Relaxationsphänomens. Unter Annahme einer Schallabstrahlung durch Kornresonanz sollte keine Verschiebung der Relaxationsfrequenz erfolgen, da die Korngröße unverändert bleibt. Abb. 63 zeigt den Einfluss einer graduellen Polarisation auf die Probe der Zusammensetzung PZT 52/48 mit einem eff. Donatorgehalt von 0,5 mol% und einer Korngröße von 4,67 µm.

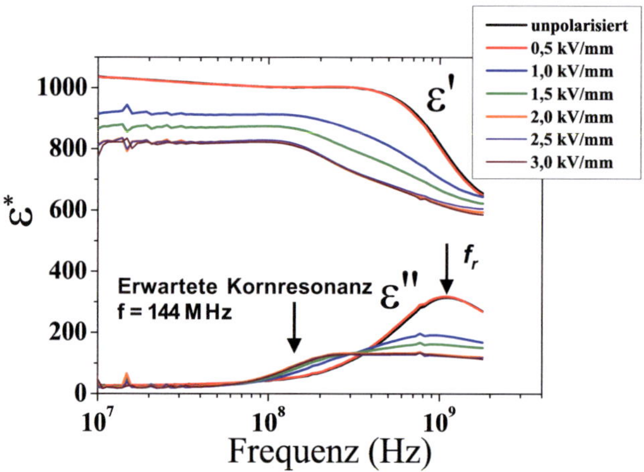

Abb. 63: **Einfluss der Polung auf die Relaxationsfrequenz von PZT 52/48, D_{eff} = 0,5 mol% und einer Korngröße von 4,67 µm.**

Deutlich ist hierbei die Verschiebung der Relaxationsstufe bzw. der Relaxationsfrequenz zu erkennen. Bemerkenswert ist die Übereinstimmung mit der erwarteten Frequenz bei Kornresonanz nach erfolgter vollständiger Polung.

Dieses Verhalten deutet stark auf einen Mechanismus hin, welcher in Bezug mit einer Relaxation ferroelektrischer Domänen zu sehen ist.

Die Polung des Materials bewirkt eine massive Erhöhung der Domänengröße und führt somit zu einer Verringerung der Relaxationsfrequenz. Die maximale Domänengröße kann dabei die Korngröße nicht überschreiten. Ein weiteres Beispiel einer Polarisation ist in Abb. 64 dargestellt. Es handelt sich dabei um eine Probe der Zusammensetzung PZT 53/47 mit 0,125 eff. Donatorgehalt und einer Korngröße von 8,27 µm.

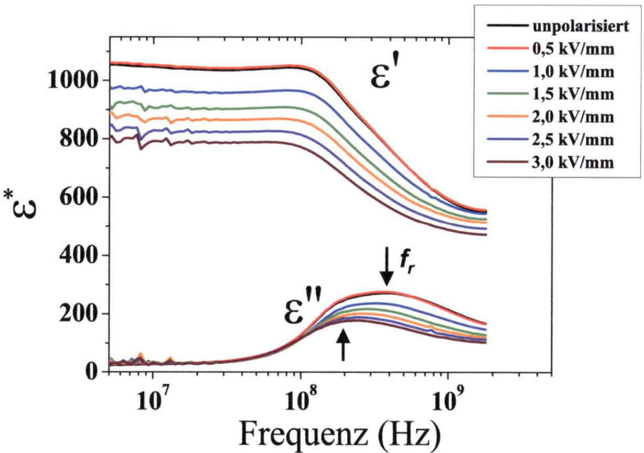

Abb. 64: **Einfluss der Polung auf Relaxationsfrequenz von PZT 53/47 mit 0,125 mol% eff. Donatorgehalt und einer Korngröße von 8,27 µm.**

Im unpolarisierten Zustand erscheint das Spektrum des Imaginärteils eine bestimmte Asymmetrie zu besitzen. Es setzt sich möglicherweise aus mehreren Beiträgen zusammen. Bestätigt wird diese Annahme durch den Intensitätsrückgang von f_r und der Ausprägung der zweiten Relaxationsfrequenz. Nach Porokhonskyy et al. handelt es sich hierbei um piezoelektrische Kornresonanz [165]. Somit besteht theoretisch die Möglichkeit einer Überlagerung bzw. Beeinflussung der beiden Mechanismen, die die Interpretation der beobachteten Relaxationsphänomene im GHz-Bereich zusätzlich erschweren. Möglicherweise gibt dies Hinweise auf einen dritten Mechanismus, hervorgerufen durch Schallabstrahlung größerer Domänencluster innerhalb eines Korns [121].

4.5 Einfluss der Korngröße auf die Phasenumwandlung

Abb. 65 a) zeigt eine Übersicht über die Temperaturabhängigkeit der Permittivität zwischen 150 - 475°C für verschiedene Korngrößen der Zusammensetzung PZT 52/48 mit einem eff. Donatorgehalt von 0,5 mol%. Das Maximum der Permittivität kennzeichnet dabei die Phasenumwandlungstemperatur bzw. Curietemperatur T_C.

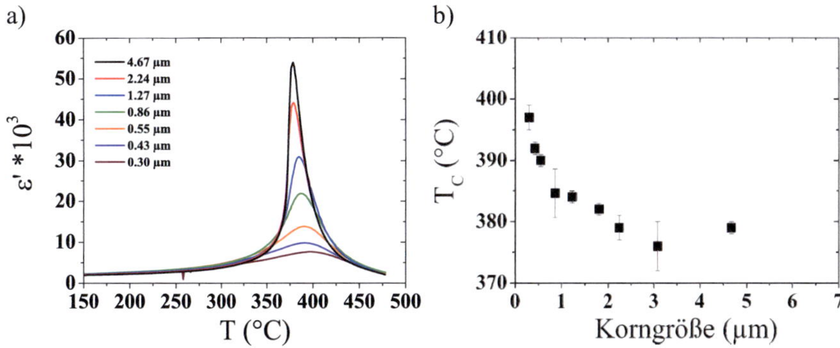

Abb. 65: **Einfluss der Korngröße auf den Temperaturgang des Realteils der Permittivität a) und die Curietemperatur b) der Zusammensetzung PZT 52/48 mit 0,5 mol% eff. Donatorgehalt.**

Auffallend ist die starke Abnahme von ε'_{max}, die Verbreiterung der Kurve und die Erhöhung von T_C bei fallender Korngröße. Dabei beträgt die Zunahme der Curietemperatur in etwa 20 °C. Ein ähnliches Verhalten konnte bereits an undotierten, La und Nb dotierten PZT-Materialien beobachtet werden [15, 100, 168, 169, 171, 215]. Die genaue physikalische Ursache wird jedoch weiterhin kontrovers diskutiert. So konnten Randall et al. keinen Einfluss der Korngröße auf T_C für Nb dotierte Zusammensetzungen feststellen und schrieb die T_C-Erhöhung vorherrschenden Raumladungen zu [15]. Burggraaf und Keizer stellten sogar eine Verringerung von T_C für PLZT fest [142].

Aufgrund der vielfachen Beobachtung einer T_C-Erhöhung bei Verringerung der Korngröße mit sehr vergleichbarem Charakter, selbst bei unterschiedlichen Dotierungen und Herstellungsverfahren, muss die Begründung durch Randall et al. jedoch kritisch gesehen werden. Offensichtlich kann auch der Einfluss zunehmender homogener Spannungen innerhalb des keramischen Gefüges keine Erklärung zu der experimentellen Beobachtung liefern, da hierbei ein gegenläufiges Verhalten für T_C erwartet wird: Berechnungen auf Basis der GLD-Theorie und Experimente unter Wirkung eines hydrostatischen Drucks zeigen eine Abnahme für T_C [100, 216, 217]. Diese Verringerung der Curietemperatur weisen auch ferroelektrische $BaTiO_3$ und $PbTiO_3$ Partikel bei der Reduzierung der Partikelgröße auf wenige nm auf [203, 218-220].

4.6 Einfluss der Korngröße auf das Großsignalverhalten

Das elektromechanische Verhalten einer ferroelektrischen Keramik ist ein komplexes Zusammenspiel zahlreicher Faktoren. Grundlegende Eigenschaften, wie beispielsweise die remanente Polarisation, Koerzitivfeldstärke und die feldinduzierte Dehnung, sind stark von der Kristallstruktur, Domänenkonfiguration und Domänenbeweglichkeit abhängig. Wie bereits aus den Kapiteln 4.1 und 4.2 zu entnehmen ist, treten starke Änderungen der Domänen- und Kristallstruktur bei Verringerung der Korngröße auf. Hierbei sind ebenfalls unterschiedliche Zr/Ti-Verhältnisse bzw. unterschiedliche rhomboedrische oder tetragonale Phasengehalte, als auch ein unterschiedlicher effektiver Donatorgehalt zu beachten.

4.6.1 Einfluss des Zr/Ti-Verhältnisses

Ein wichtiger Indikator für nicht 180°-Domänenprozesse, 90° für tetragonale bzw. 71° und 109° für rhomboedrische Phasenzusammensetzungen, ist die remanente Dehnung. Dabei gilt die Vereinfachung, dass eine bleibende kristallographische Phasenumwandlung des Materials vernachlässigt werden kann. Eine bleibende feldinduzierte Phasenumwandlung kann dabei ebenfalls sehr hohe remanente Dehnungen generieren. Im System $(Bi_{0,5}Na_{0,5})_{1-x}Ba_xTiO_3$ im Bereich der MPG kann dies beobachtet werden [221]. Abb. 66 stellt Neukurven der Dehnung von PZT 52/48 mit $D_{eff} = 0,5$ mol% für drei verschiedene Korngrößen graphisch dar. Während bei einer Abnahme der Korngröße von 4,67 µm auf 1,27 µm eine geringe Zunahme der remanenten Dehnung, S_{rem}, zu erkennen ist, kann eine signifikante Verringerung für eine Korngröße von 0,30 µm festgestellt werden. Eine übersichtliche Darstellung des Korngrößeneinflusses auf S_{rem} ist in Abb. 67 dargestellt.

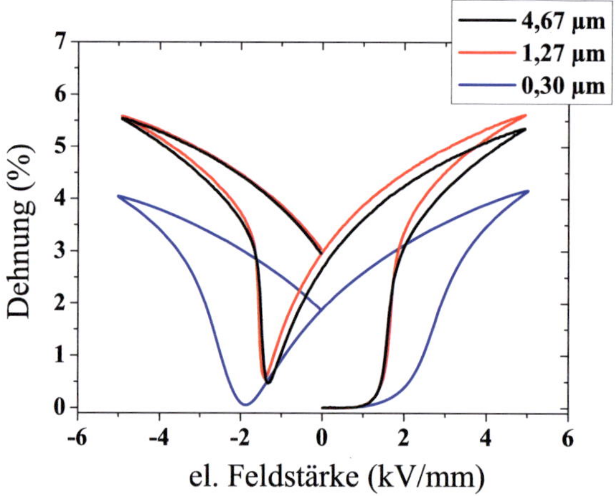

Abb. 66: **Einfluss der Korngröße auf die Neukurve der Dehnung, dargestellt für PZT 52/48, D_{eff} = 0,5 mol%.**

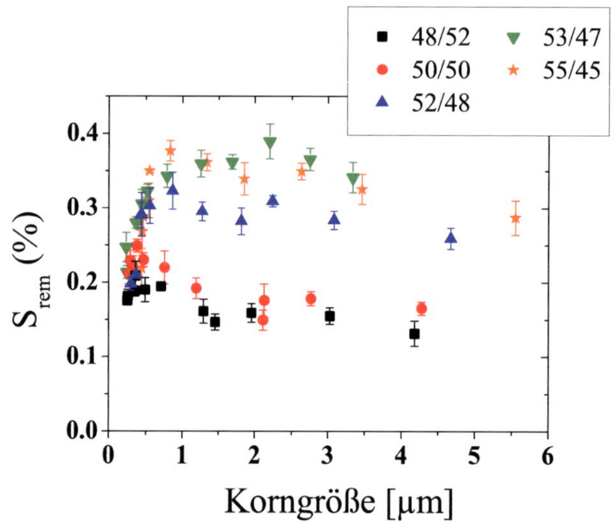

Abb. 67: **Einfluss der Korngröße auf die remanente Dehnung, dargestellt für verschiedene Zr/Ti-Verhältnisse mit D_{eff} = 0,5 mol%.**

Die remanente Dehnung ergibt sich aus der Verzerrung des Perowskitgitters und des Winkels θ, welcher die Abweichung zwischen der Polarisationsachse einer Domäne gegen das Polungsfeld darstellt. c_{tr}, a_{tr} und α_{tr} entsprechen den Gitterparametern der tetragonalen Elementarzelle bzw. dem Winkel der rhomboedrischen Einheitszelle. Die remanente Dehnung ergibt sich somit für tetragonale bzw. rhomboedrische Materialien zu [1]:

$$S_{rem,tr} = \left(\frac{c_{tr}}{a_{tr}} - 1\right)\left(\langle cos^2\theta \rangle - \frac{1}{3}\right) \tag{4.5}$$

$$S_{rem,rh} = \frac{3}{2}\left(\frac{\pi}{2} - \alpha_{rh}\right)\left(\langle cos^2\theta \rangle - \frac{1}{3}\right) \tag{4.6}$$

Bei relativ großen Korngrößen (3,5 µm) werden für Materialien im rhomboedrischen Bereich der MPG maximale remanente Dehnungen aufgrund eines höheren Polarisierungsgrades gemessen [91, 102]. Dies stimmt mit der beobachteten, remanenten Dehnung für PZT 53/47 und 55/45 in Abb. 67 überein. Wird die Korngröße verringert, kann bis zu $\approx$ 0,6 µm eine leichte Zunahme der remanenten Dehnung beobachtet werden, unabhängig von dem verwendeten Zr/Ti-Verhältnis. Lediglich die Zusammensetzung mit einem Verhältnis von 53/47 zeigt keine wesentliche Änderung von S_{rem}. Der in Abb. 67 beobachtete Trend der remanenten Dehnung für Korngrößen zwischen 1- 5 µm zeigt eine sehr gute Übereinstimmung im Vergleich zu konventionell hergestelltem PZT mit identischem effektiven Donatorgehalt [147]. Sinkt die Korngröße unter einen Wert von $\approx$ 0,6 µm, so ist eine starke Abnahme von S_{rem} festzustellen. Materialien mit ausschließlich tetragonaler Kristallstruktur zeigen dabei eine geringe Abnahme im Vergleich zur überwiegend rhomboedrischen Zusammensetzung 55/45. Unter Berücksichtigung einer nur geringfügigen Veränderung der Kristallstruktur liegt der Schluss nahe, dass ein erhöhter

Beitrag an nicht 180° Domänenprozessen zu der Erhöhung der remanenten Dehnung bei Verringerung der Korngröße auf $\approx$ 0,6 führt. Wird g weiter verringert, so ist eine starke Abnahme der strukturellen Verzerrungsparameter δ_{tr} und δ_{rh} zu verzeichnen. Dies führt möglicherweise zu der starken Abnahme der remanenten Dehnung.

Wie bereits aus Abb. 66 zu erkennen ist, wirkt sich eine Verringerung der Korngröße auch auf die Hystereseform der Dehnung und der Polarisation aus. Abb. 68 a) - f) zeigen den Einfluss der Korngröße auf die bipolare Dehnungs- bzw. Polarisations-hysterese für Materialien mit einem Zr/Ti-Verhältnis von 50/50, 52/48 und 55/45 mit jeweils 0,5 mol% eff. Donatorgehalt. Für grobkörnige Materialien ergibt sich ein aus der Literatur bekanntes Bild, das hauptsächlich auf unterschiedlichen intrinsischen und extrinsischen Dehnungsbeiträgen basiert [1, 3, 91, 110]. Im Bereich der MPG weisen dabei rhomboedrische Materialien eine deutlich höhere Domänenbeweglichkeit auf, als tetragonale Zusammensetzungen. Der Anteil an schaltbaren Domänen liegt bei 20-25 % bzw. 7-8 % [1]. Die Dehnungshysterese der rein tetragonalen Zusammensetzung nähert sich dabei einer durch hauptsächlich 180°- Domänenwandbewegungen hervorgerufenen Hysterese stark an [120]. Aufgrund der höheren Gitterverzerrung (c/a-Verhältnis) der tetragonalen Materialien, nivelliert sich der Einfluss einer verminderten Domänenbeweglichkeit. Die Gesamtdehnung zeigt jedoch zwischen rhomboedrischen und tetragonalen Materialien nur geringe Unterschiede.

Bei Verringerung der Korngröße ist für alle untersuchten Zusammensetzungen ein Anstieg der Koerzitivfeldstärke E_c festzustellen, welcher auch von anderen Autoren bereits beobachtet werden konnte [102, 141, 147, 168, 222]. Bei genauer Analyse zeigen sich jedoch Unterschiede zwischen Zusammensetzungen mit überwiegend tetragonalen oder rhomboedrischen Phasenbestandteilen, siehe Abb. 69 a).

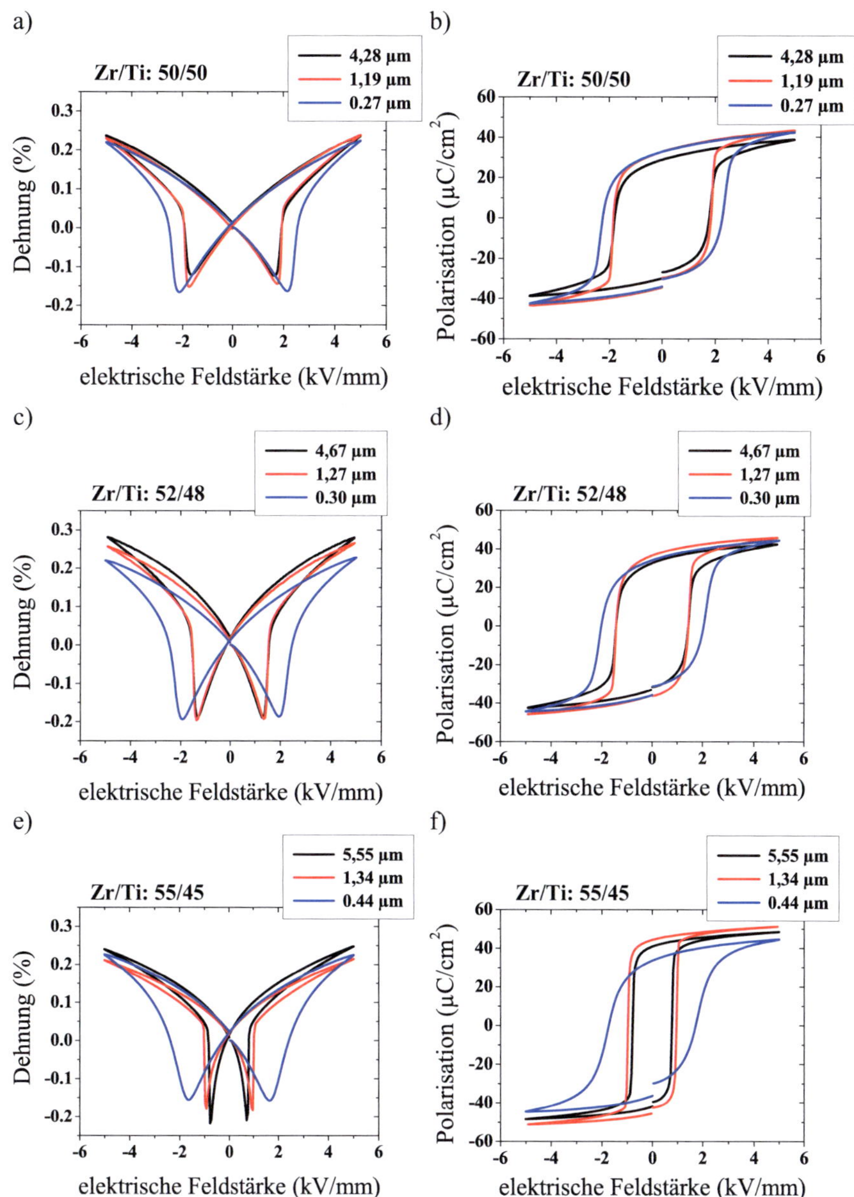

Abb. 68: **Einfluss der Korngröße auf das Dehnungs- und Polarisationsverhalten für verschiedene Zr/Ti – Gehälter, D_{eff} beträgt 0,5 mol%.**

Für tetragonale Zusammensetzungen (Zr/Ti: 48/52, 50/50 und 52/48) ist bis zu einer Korngröße von 0,6 µm eine lediglich marginale Erhöhung von $E_c < 12\,\%$ zu beobachten. Bei der rhomboedrischen Zusammensetzung (55/45) steigt E_c dagegen um fast 40 % an. Bei einer Korngröße von $\approx 0,3$ µm sogar um 115 %. Der Einfluss der Korngröße führt somit zu einer starken Verringerung der Domänenbeweglichkeit unterhalb 0,6 µm. Ein Maß für die während der Polarisation ablaufenden nicht 180°-Domänenbewegungen ist die remanente Polarisation P_{rem}, welche in Abb. 69 b) als Funktion der Korngröße dargestellt ist. Ausführliche Arbeiten über die Beschreibung der remanenten Polarisation wurden von Fesenko und Dantsiger durchgeführt [24, 223-225]. Demnach kann P_{rem} über folgenden Ausdruck beschrieben werden [225]:

$$P_{rem} = AM \left[\frac{2}{N} + \left(1 - \frac{2}{N}\right)\eta\right]\sqrt{\delta} \tag{4.7}$$

Hierbei ist $A = n + m/\delta$ (die Koeffizienten n und m sind abhängig von der Zusammensetzung, im tetragonalen Fall: $n = 3,4$ $m = 0,025$, im rhomboedrischen Fall: $n = 7,2$ $m = 0,011$), $M = P_{rem}/P_s$ ($M_{tr} = 0,831, M_{rh} = 0,866$), N die Anzahl der möglichen Polarisationsrichtungen (tr = 6, rh = 8), δ charakterisiert die Verzerrung des Perowskitgitters[4] [24] und η repräsentiert die Anzahl der nicht 180°-Domänenschaltprozesse während der Polung. Nach Helke und Lubitz kann diese Gleichung für eine tetragonale bzw. rhomboedrische Phase zu folgendem Ausdruck vereinfacht werden [1]:

$$P_{rem,tr} \cong 6 \left(\frac{1}{3} + \frac{2}{3}\eta\right)\sqrt{\delta_{tr}} \tag{4.8}$$

---

[4] Der Verzerrungsparameter ergibt sich in diesem Fall zu $\delta_{tr} = \frac{2}{3}\left(\frac{c}{a} - 1\right)$ bzw. $\delta_{rh} \approx cos\alpha$.

$$P_{rem,rh} \cong 8 \left(\frac{1}{4} + \frac{3}{4}\eta \right) \sqrt{\delta_{rh}} \qquad (4.9)$$

Die remanente Polarisation wird somit maßgeblich von der Verzerrung des Perowskitgitters und der Anzahl der nicht 180°-Domänenprozesse bestimmt.

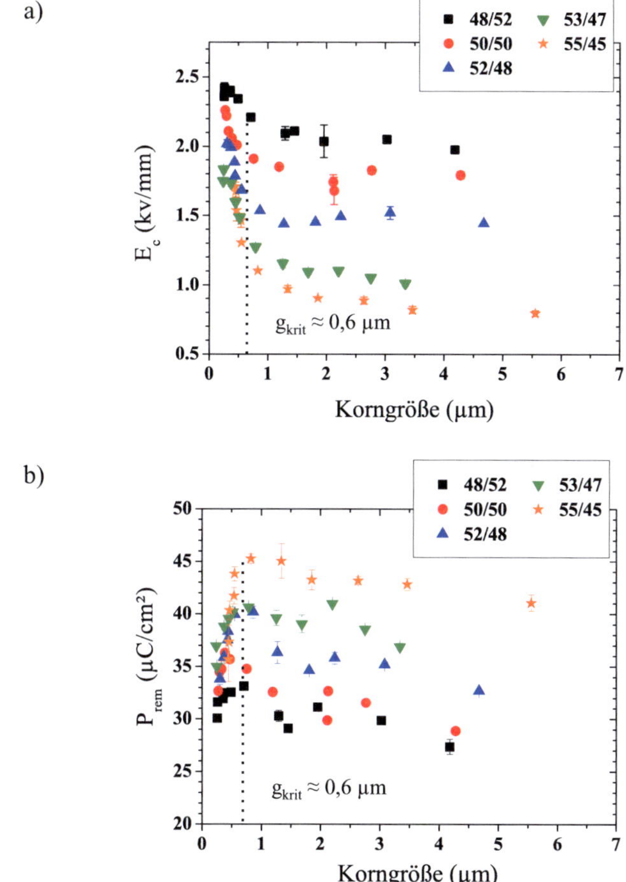

Abb. 69: **Abhängigkeit der Koerzitivfeldstärke a) und der remanenten Polarisation b) von der Korngröße, dargestellt für verschiedene Zr/Ti-Gehalte mit D_{eff} = 0,5 mol%.**

Aus Abb. 69 b) ist ebenfalls zu entnehmen, dass bei Verringerung der Korngröße bis etwa 0,5 - 0,6 µm P_{rem} ansteigt. Je nach Zusammensetzung beträgt die Zunahme zwischen 10-22 %. Aufgrund der annähernd gleichbleibenden bzw. gering zurückgehenden Gitterverzerrung (Abb. 46) ist diese Zunahme auf eine erhöhte Anzahl an nicht 180°-Domänenprozessen zurückzuführen.

Die Zunahme der remanenten Polarisation bei Verringerung der Korngröße korreliert mit der Änderung der Domänenstruktur von einer komplexen 3D-Struktur zu einer einfach-lamellar aufgebauten Struktur, siehe Abb. 40. Bei dieser Änderung der Domänenkonfiguration steigt der Anteil an nicht 180° Domänenwänden und ist somit Ursache für die Erhöhung von P_{rem}. Fällt die Korngröße unter 0,5 µm, so führt, betont durch die signifikante Erhöhung von E_c, eine Verminderung der Domänenbeweglichkeit und die starke Verringerung der Verzerrung des Perowskitgitters zu einem Rückgang der remanenten Polarisation. Besonders ausgeprägt ist dies für die Zusammensetzung mit einem Zr/Ti-Verhältnis von 55/45.

Aufgrund der signifikanten Änderungen struktureller Parameter (δ_{tr}, δ_{rh}), als auch der dielektrischen Permittivität ($\varepsilon_{33}^{T}/\varepsilon_0$) und der remanenten Polarisation sind Veränderungen des unipolaren elektromechanischen Verhaltens zu erwarten. Abb. 70 zeigt den Einfluss der Korngröße auf die unipolare Dehnung der Zusammensetzung PZT 52/48 mit $D_{eff} = 0,5$ mol%.

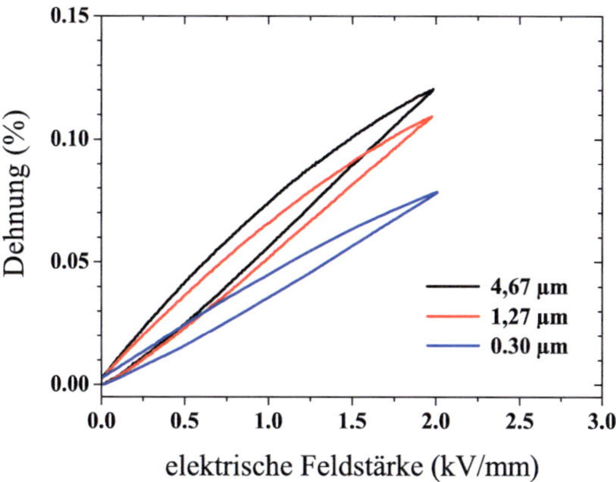

Abb. 70: **Einfluss der Korngröße auf die unipolare Dehnung von PZT 52/48, D_{eff} beträgt 0,5 mol%.**

Nach Fesenko et al. folgt die piezoelektrische Ladungskonstante d dem Produkt aus dem dielektrischen Koeffizienten ε^T und der remanenten Polarisation P_{rem} zu [223]:

$$d \sim \varepsilon^T \cdot P_{rem} \tag{4.10}$$

Im PZT-Phasendiagramm liegt somit für grobkörnige Materialien das Maximum für d_{33} zwischen dem Maximum von P_{rem} (rhomboedrische Seite der MPG) und dem Maximum der relativen Permittivität $\varepsilon^T_{33}/\varepsilon_0$ (tetragonale Seite der MPG).

Abb. 71 a) - c) zeigt den Einfluss der Korngröße auf den intrinsischen Dehnungsfaktor d_{33} und die Gesamtdehnung, repräsentiert durch d^*_{33}. Die Differenz zwischen beiden Faktoren entspricht dem Anteil extrinsischer Dehnungsbeiträge. Bei Verringerung der Korngröße zeigt die tetragonale Zusammensetzung, siehe Abb. 71 a), für beide Faktoren einen geringen Anstieg bis $\approx 0,75$ µm. Erklärt werden kann dies durch den leichten Anstieg von P_{rem}

und $\varepsilon_{33}^{T}/\varepsilon_0$ in diesem Korngrößenbereich. Fällt die Korngröße weiter, so äußert sich der Einfluss in einer geringeren Gitterverzerrung und einer erschwerten Domänenbewegung bzw. durch den Anstieg von E_c in einer fallenden elektromechanischen Aktivität. Im Bereich der MPG konnte kein wesentlicher Einfluss auf d_{33}^{*} festgestellt werden. Lediglich für d_{33} ist ein geringer Abfall zu beobachten. Ab einer Korngröße von $\approx 0{,}75$ µm ist wiederum ein starker Abfall der piezoelektrischen Konstanten festzustellen, der in diesem Fall stärker ausfällt als bei rein tetragonalem Material. Die rhomboedrische Zusammensetzung, siehe Abb. 71 c), zeigt dagegen im gesamten oberen Korngrößenbereich zwischen 1 - 5,5 µm eine stärkere Verringerung der Gesamtdehnung. Im Vergleich zwischen d_{33} und d_{33}^{*} zeigt sich, dass die korngrößenbedingte Verminderung der Dehnung sich lediglich auf die extrinsischen Dehnungsanteile beschränkt. Möglicherweise verursacht der hohe Polarisationsgrad für rhomboedrische Materialien in Verbindung mit einer gleichbleibenden nicht 180° Domänenwanddichte eine stärkere Verminderung der extrinsischen Anteile als bei tetragonalen Zusammensetzungen.

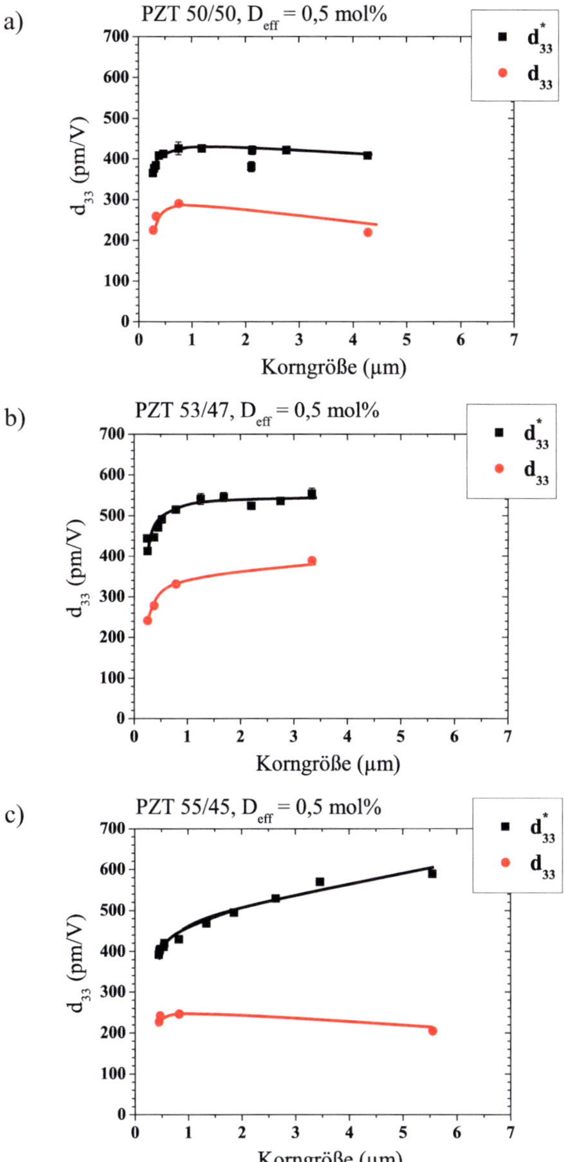

Abb. 71: **Intrinsischer Dehnungsanteil d_{33} und Gesamtdehnung d_{33}^*, dargestellt für die Zusammensetzungen mit Zr/Ti: 50/50, 53/47 und 55/45 als Funktion der Korngröße.**

Aus einem Vergleich zwischen dem korngrößenabhängigen Verhalten der Gesamtdehnung kann im Wesentlichen die Größe von 0,6 µm als eine kritische Korngröße abgeleitet werden (Abb. 72). Im Bereich der morphotropen Phasengrenze (Zr/Ti-Verhältnis: 52/48, 53/48) äußert sich dies durch einen relativ steilen Abfall der Dehnung bei Verringerung der Korngröße unter 0,6 µm.

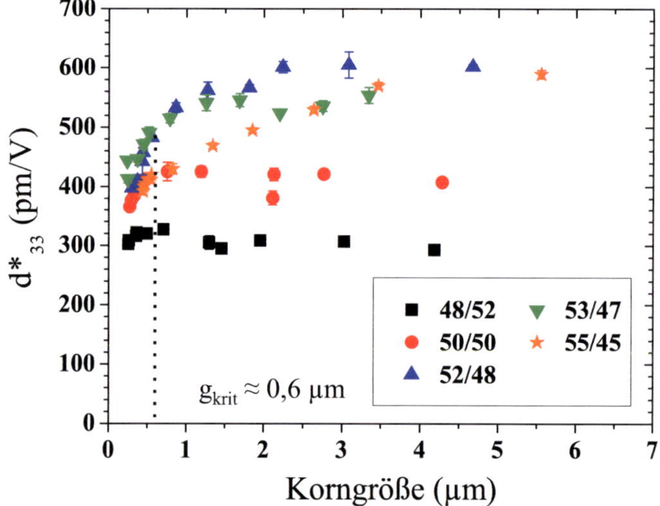

Abb. 72: **Unipolare Dehnung in Abhängigkeit der Korngröße für verschiedene Zr/Ti-Verhältnisse, der effektive Donatorgehalt beträgt 0,5 mol%.**

4.6.2 Einfluss der Dotierung

Eine Veränderung der Dotierung bzw. des effektiven Donatorgehaltes bewirkt eine signifikante Veränderung der korngrößenabhängigen Domänen-konfiguration und der Kristallstruktur bzw. Phasengehalte. Oberhalb einer Korngröße von ≈ 3 µm besteht ein lediglich marginaler Unterschied in der Kristallstruktur zwischen der Zusammensetzung mit 0,50 mol% bzw. der

Zusammensetzung von 0,125 mol% effektivem Donatorgehalt, siehe Abb. 49. Bei einer Verringerung der Korngröße besteht jedoch ein signifikanter Unterschied zwischen diesen beiden Materialien. Für das Material mit D_{eff} = 0,125 mol% liegt die kritische Korngröße bei ≈ 2 µm, für D_{eff} = 0,5 mol% beträgt $g_{krit.}$ = 0,6 µm.

Abb. 73 zeigt den Einfluss der Korngröße auf die remanente Dehnung für verschiedene effektive Donatorgehalte.

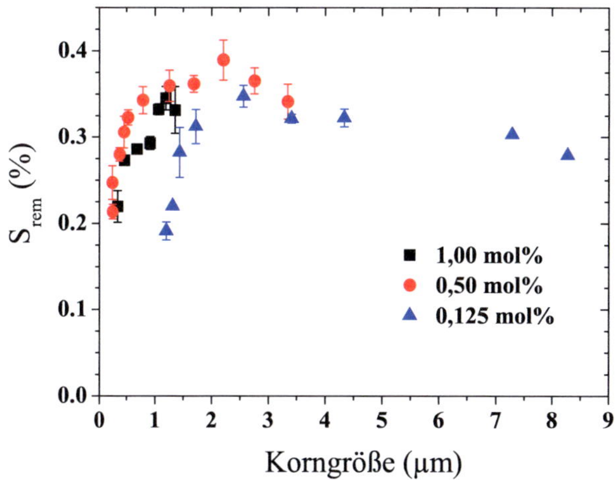

Abb. 73: **Einfluss der Dotierung auf die Korngrößenabhängigkeit der remanenten Dehnung, dargestellt für drei verschiedene effektive Donatorgehalte.**

Hierbei zeigt die Zusammensetzung mit D_{eff} = 0,125 ebenfalls einen Anstieg der remanenten Dehnung bei Verringerung der Korngröße bis 2µm. Bei gleichbleibender Verzerrung des Perowskitgitters ist somit von einem erhöhtem Polarisationsgrad bzw. einer erhöhten Ausrichtung der Domänen entlang der Richtung des elektrischen Feldes auszugehen. Gleichermaßen steigt die remanente Polarisation bei Verringerung der Korngröße von 8 µm auf 2µm, was auf eine erhöhte Anzahl an nicht 180°-Domänenschaltprozessen hindeutet, siehe Abb. 74 b). Offensichtlich verschiebt die Verringerung des effektiven Donatorgehalts die kritische Korngröße zu höheren Werten, ändert jedoch nicht den Charakter des Korngrößeneinflusses auf die remanente Dehnung bzw. Polarisation. Die Zusammensetzung mit 1,00 mol% effektiven Donatorgehalt liegt ausschließlich im Bereich einer abfallenden remanenten Dehnung bei sinkender Korngröße und auch die remanente Polarisation zeigt einen ausschließlich fallenden Trend, siehe Abb. 73 bzw. 74 b). Aufgrund der geringen Korngröße war es jedoch nicht möglich, mittels PFM eindeutige Unterschiede in der Domänenkonfiguration zwischen der Zusammensetzung mit D_{eff} = 1,0 mol% bzw. 0,5 mol% festzustellen, siehe Abb. 36-38 und 40. Es liegt jedoch der Schluss nahe, dass an dieser Stelle die gleichen Wirkungsmechanismen die makroskopischen elektromechanischen Eigenschaften bestimmen. Die stetigen Änderungen des Verzerrungsparameters und des tetragonalen Phasenanteils, siehe Abb. 49, korrelieren dabei mit der in Abb. 73 und 74 b) beobachteten Änderung von S_{rem} bzw. P_{rem}. Abb. 74 a) enthält die aus der gemessenen dielektrischen Hysterese bestimmte Koerzitivfeldstärke (E_c). Im Vergleich zu Materialien mit einem höheren effektiven Donatorgehalt zeigt die Zusammensetzung mit D_{eff} = 0,125 mol% jedoch nur eine marginale Erhöhung der Koerzitivfeldstärke bei sinkender Korngröße im beobachteten Korngrößenbereich. Im Vergleich zeigen die drei Zusammensetzungen einen allgemeinen Trend für die Abhängigkeit der Koerzitivfeldstärke von der Korngröße. Der Einfluss der Korngröße auf E_c ist wesentlich stärker, als der Einfluss von D_{eff} im untersuchten Zusammensetzungsbereich.

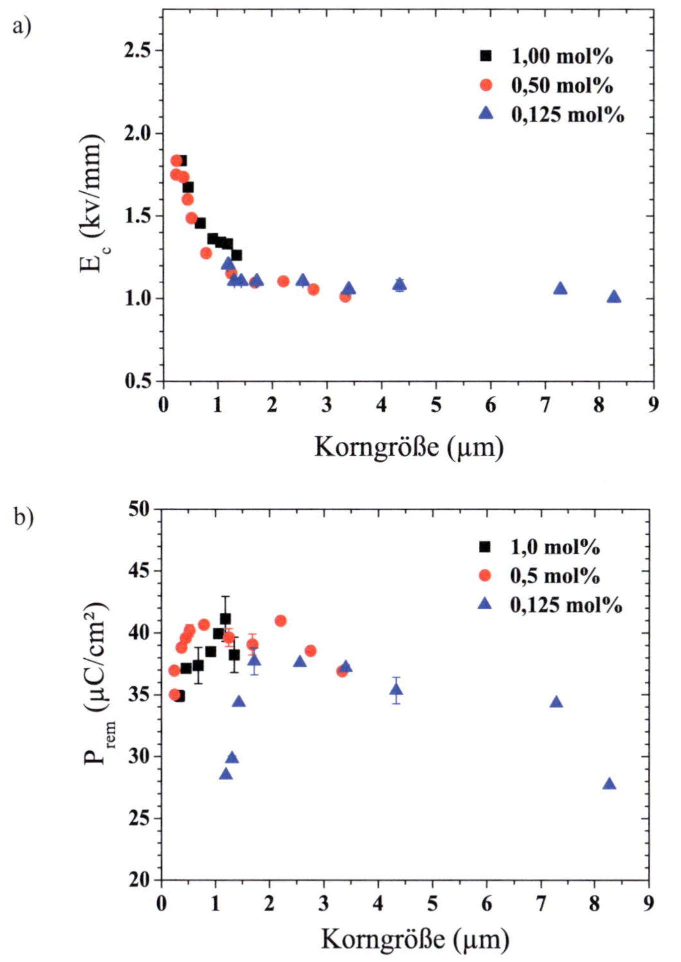

Abb. 74: **Einfluss der Korngröße auf die Koerzitivfeldstärke E_c a) und die remanente Polarisation P_{rem} dargestellt für verschiedene effektive Donatorgehalte b).**

Abb. 75 stellt nun eine Zusammenfassung des Korngrößeneinflusses auf die unipolare Dehnung für alle untersuchten Donatorgehalte dar. Alle Zusammensetzungen zeigen im Wesentlichen zwei unterschiedliche Steigungen als Funktion der Korngröße. Bis auf die Zusammensetzung mit $D_{eff} = 1,00$ mol% ist oberhalb der kritischen Korngröße nur eine geringe Verminderung der Dehnung bei kleiner werdender Korngröße zu verzeichnen. Fällt die Korngröße jedoch unter den entsprechend für die Zusammensetzung kritischen Wert, so ist ein steiler Abfall der Dehnung zu verzeichnen. Einzig das Material mit dem höchsten getesteten Donatorgehalt zeigt über den gesamten untersuchten Korngrößenbereich einen stark abfallenden Charakter der Dehnung bei sinkender Korngröße. Die kritische Korngröße als Funktion des effektiven Donatorgehaltes zeigt Abb. 76. Insbesondere bei niedrigen Gehalten äußert sich eine geringe Änderung des effektiven Donatorgehalts in einer signifikanten Änderung der kritischen Korngröße.

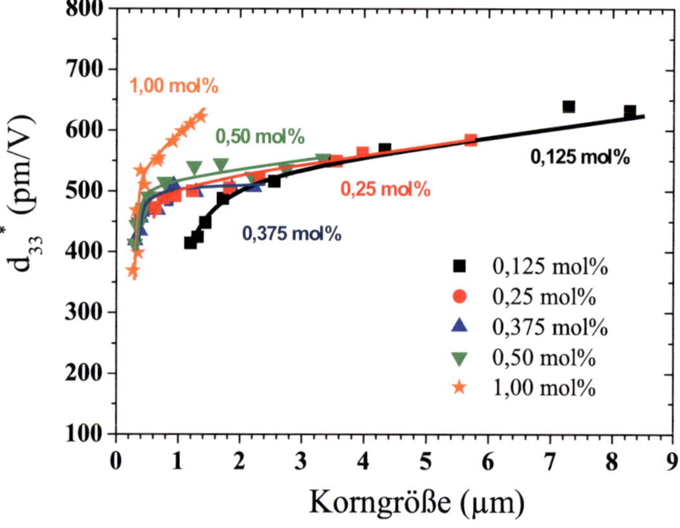

Abb. 75: **Einfluss des effektiven Donatorgehaltes auf die Korngrößenabhängigkeit der unipolaren Dehnung.**

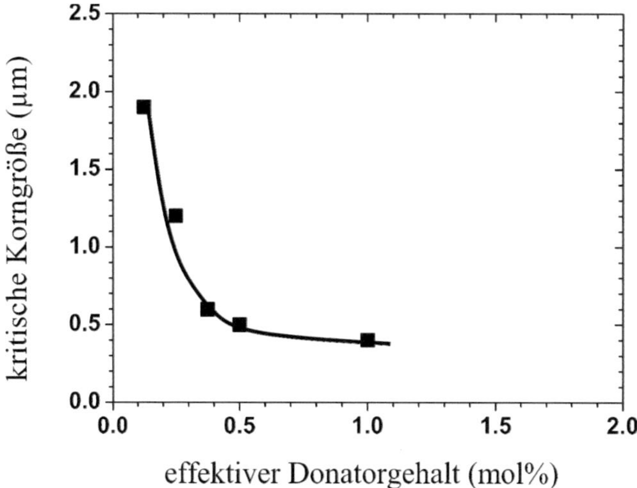

Abb. 76:　**Abhängigkeit der kritischen Korngröße vom effektiven Donatorgehalt der PZT-Keramik mit einem Zr/Ti-Verhältnis von 53/47.**

5 Abschließende Diskussion

Der Einfluss der Korngröße auf das Eigenschaftsbild überwiegend Donator dotierter PZT-Keramiken ist sehr vielschichtig. Aus den durchgeführten Experimenten geht sowohl eine Veränderung der Domänenkonfiguration, als auch der Kristallstallstruktur der Materialien hervor. Dies hat signifikante Auswirkungen auf das Dehnungsverhalten der ferroelektrischen PZT-Keramiken.

Der Kern der Diskussion bildet die Darstellung der korngrößenbedingten Änderung der Domänenkonfiguration bzw. Domänenbreite und deren Folgen für die Kristallstruktur. Im weiteren Verlauf wird der daraus resultierende Einfluss auf das makroskopische Dehnungsverhalten aufgezeigt und mit dem bisherigen Literaturmodell verglichen bzw. eine Erweiterung des bestehenden Modells geliefert.

5.1 Herstellung der Materialien und Sinterverhalten

Durch die Verwendung der nanoskaligen Zr/Ti-Präkursoren mit ihrer core-shell artigen Zr/Ti-Verteilung werden die PZT-Bildungsreaktionen deutlich beeinflusst. Bereits bei einer Kalzinationstemperatur von 500°C erfolgte eine fast vollständige Umsetzung der Rohstoffkomponenten zu einer Zr- und Ti-reichen PZT-Mischkristallphase, siehe Abb. 30 a). Das Kalzinat entspricht dabei einem sehr feinkörnigen und homogenen Pulver mit einer mittleren Korngröße von etwa 120 nm und besitzt somit eine geringere mittlere Korngröße, als das Rohstoffgemisch. Die Ursache hierfür liegt nach Shrout et al. in der Diffusion der Pb-Ionen in die Zr/Ti-Partikel. Die Größe der Zr/Ti-Partikel wird somit bestimmend für die Korngröße des Kalzinates [181].

Das Maximum der Korngröße als Funktion des eff. Donatorgehalts bei 0,125 mol% (Abb. 34 a), stimmt mit den Beobachtungen von Hammer et al. und Kungl überein [102, 131]. Die Autoren begründeten das erhöhte Kornwachstum für geringe Dotierungsgehalte mit einer Kompensation an bereits vorhandenen Akzeptorionen, was sich positiv auf die ablaufende Grenzflächendiffusion mit einem Materialtransport von der Oberfläche zum Sinterhals auswirkt. Dieser Prozess besitzt eine deutlich niedrigere Aktivierungsenergie als die Volumendiffusion. Bei einer Erhöhung der Defektkonzentration wird die Verdichtung der Keramik zu höheren Temperaturen verschoben, begleitet durch eine Erhöhung der Sintergeschwindigkeit, siehe Abb. 33 b). Die Erhöhung der Defektkonzentration bewirkt dabei die Veränderung zweier unterschiedlich wirkender Prozesse. Zum einen bewirkt die wachsende Anzahl an V_{Pb}'' im Kristallgitter eine sukzessiv ansteigende Verdichtungsgeschwindigkeit und zum anderen eine verminderte Korngrenzenmobilität, was die Schwindung zu höheren Temperaturen verschiebt. Grundlage dieser Argumentation bildet das Modell einer inhomogenen Verteilung der einzelnen Defektspezies [129, 131].

5.2 Einfluss der Korngröße auf die Domänenkonfiguration und Kristallstruktur

Der Korngrößeneinfluss auf die Domänenstruktur bzw. Domänenkonfiguration lässt sich in zwei wesentliche Bereiche unterteilen.

Bereich I zeigt eine komplexe dreidimensionale Domänenstruktur. Abb. 77 a) zeigt eine PFM-Aufnahme bzw. Abb. 77 b) eine schematische Darstellung dieser Domänenkonfiguration. Charakteristisch für diese Strukturen sind die unterschiedlichen Domänenkonfigurationen innerhalb eines Korns, welche ihrerseits aus 90° oder 180° Domänen bestehen.

Wird die Korngröße nun verringert, so nimmt die Anzahl der einzelnen Domänenbereiche innerhalb eines Korns ab, bis schließlich das Korn nur noch aus einer einfachen Domänenkonfiguration aufgebaut ist. Für tetragonale Zusammensetzungen ist dies eine lamellar aufgebaute 90° Domänenstruktur. Die Häufigkeit der 90° Domänenkonfigurationen nimmt also bei Verringerung der Korngröße bis zu einer kritischen Korngröße zu. Hierfür spricht die Zunahme der remanenten Dehnung, der remanenten Polarisation und der Permittivität in diesem Korngrößenbereich, welche im Kapitel 4.6.1 beschrieben wurde. Weiterhin ist davon auszugehen, dass die internen Spannungszustände nur eine geringe Änderung erfahren. Aufgrund dessen betragen die kristallographischen Veränderungen nur wenige Prozent, siehe Abb. 46.

Bereich II zeichnet sich durch eine lamellare nicht 180°-Domänenstruktur aus. Ein Beispiel für diese Konfiguration ist in Abb. 77 c) bzw. schematisch in Abb. 77 d) dargestellt. Ein weiteres Beispiel für eine lamellare Domänenkonfiguration zeigt Abb. 78. Hierbei handelt es sich um eine dünne PZT-Schicht mit einer mittleren Korngröße von 0,23 µm [226].

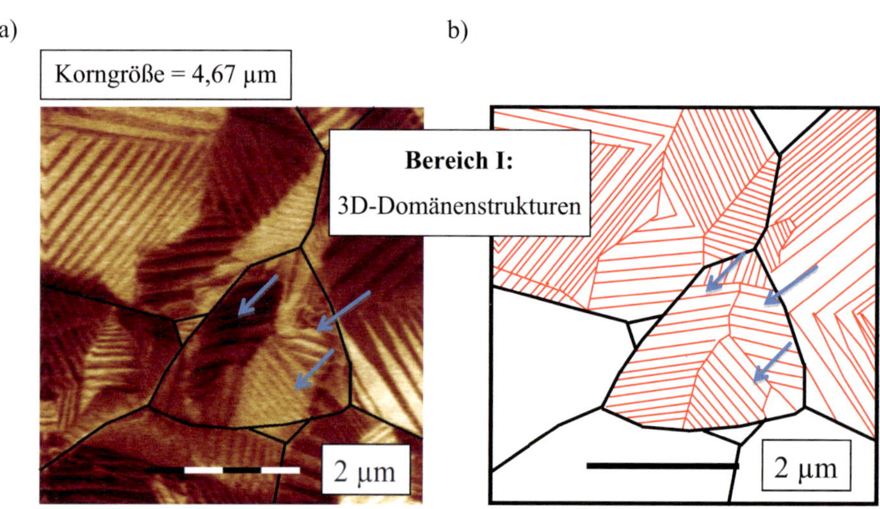

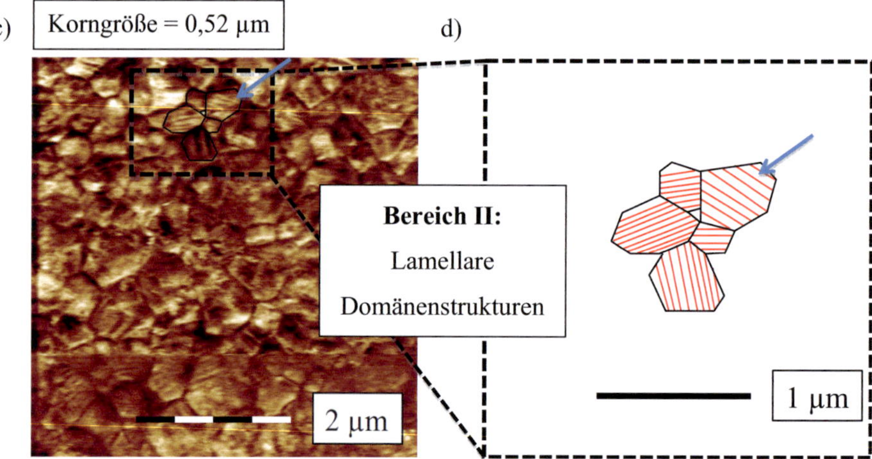

Abb. 77: **Änderung der Domänenkonfiguration durch Verringerung der Korngröße, dargestellt durch PFM-Abbildungen (In plane) von PZT 52/48, mit D_{eff} = 0,5 mol% a) - c), bzw. schematische Darstellung der Domänenstrukturen in b) und d). Die mittleren Korngrößen betragen für a) 4,67 µm und c) 0,52.**

Aus Abb. 42 (Kapitel 4.2.2) ist zu entnehmen, dass bei einer Verringerung der Korngröße von 5 µm auf 1 µm die Domänengröße von 80 nm auf 30 nm abnimmt. Unter der Voraussetzung einer ausschließlichen 90° Domänenkonfiguration und einer Domänenwandbreite von ≈ 5 nm (siehe Ref. [78, 80, 85, 86]) ergibt sich ein Volumenanteil der Domänenwand von 7% bei 5 µm Korngröße bzw. von 17% bei einer Korngröße von 1 µm. Verringert sich die Korngröße jedoch auf 0,2 µm, so verringert sich die Domänengröße auf 15 nm und der Volumenanteil der Domänenwand steigt auf 33%. Wie bereits in Kapitel 2.1.5 beschrieben wurde, ist der Bereich einer 90° Domänenwand von mechanischen Spannungen geprägt [80, 136, 137].

Abb. 78: **Lamellare Domänenstruktur einer dünnen, PZT-Schicht mit einer mittleren Korngröße von 0,23 µm [226].**

Abb. 79 enthält eine modellhafte Darstellung eines Korns mit lamellarer 90° Domänenstruktur und der Veränderung der Gitterparameter im Bereich der Domänenwand (Darstellung nach Ref. [227, 228]). Die Kristallstruktur in der Mitte der Domänenwand (gelb gekennzeichnet) wird durch innere mechanische

Spannungen nicht gestört und wird durch die Gitterparameter c_1 und a_1 bzw. durch die spontane Polarisation P_1 beschrieben. Bei sinkendem Abstand zur Domänenwand steigen jedoch die mechanischen Spannungen an und es wird eine Abnahme der spontanen Verzerrung bzw. Polarisation der Perowskit-elementarzelle beobachtet (orange gekennzeichnet). Die Gitterparameter c_2 und a_2 unterscheiden sich dabei von c_1 und a_1 entsprechend Abb. 79.

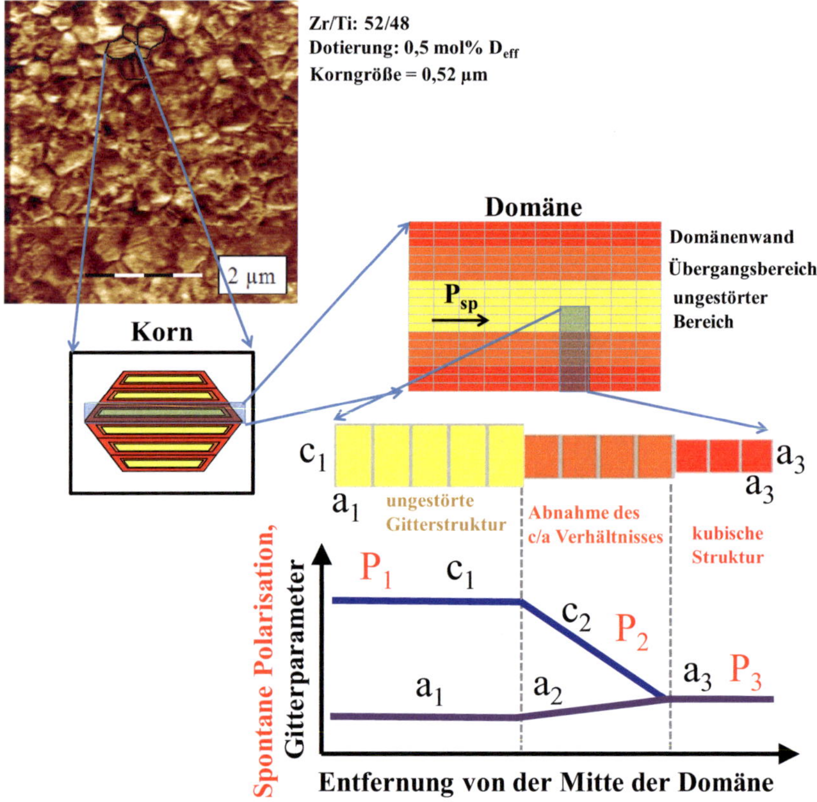

Abb. 79: **Schematische Darstellung des Einflusses von mechanischen Spannungen auf die Gitterparameter und somit auf die Verzerrung der Perowskitelementarzelle im Bereich einer 90° Domänenwand (nach Ref [227]).**

Innerhalb der Domänenwand (rot gekennzeichnet) treten die größten mechanischen Spannungen auf und die Kristallstruktur ist als annähernd kubisch zu betrachten (Gitterparameter: a_3). Phänomenologische Berechnungen auf Basis der Ginzburg-Landau-Devonshire Theorie bestätigen diese Modellvorstellung [88, 229]. Der Einfluss einer 90° Domänenwand richtet sich nun nach der Größe der Domäne bzw. deren Breite. Überwiegt der Anteil der Domänenwand und der Übergangsschicht im Vergleich zur Größe des ungestörten Bereiches, wirkt sich dies signifikant auf das Röntgendiffraktogramm der Keramik aus. Floquet et al. führten die gemessene „Plateau-Intensität" zwischen dem (002) und (200) Reflex eines Bariumtitanat-Pulverdiffraktogramms auf den Einfluss von 90° Domänenwänden zurück und konnten dies auch rechnerisch begründen [63-65, 146].

Für die in dieser Arbeit untersuchten PZT-Zusammensetzungen betrug die Abnahme der Gitterverzerrung bei Verringerung der Korngröße bis zu 25%, die Verringerung des tetragonalen Phasengehaltes bis zu 38%. Diese starken strukturellen Veränderungen konnten ebenfalls mittels Ramanspektroskopie nachgewiesen werden. Im Allgemeinen führt die Verringerung der Korngröße in PZT-Keramiken zu einer Unterdrückung der spontanen Verzerrung bzw. spontanen Polarisation der tetragonalen und der rhomboedrischen Kristallstruktur. Somit kann der Einfluss nicht mit einer Verschiebung der Phasengrenze gedeutet werden.

Die experimentell bestimmten Domänengrößen folgen dem Zusammenhang $d \propto (g)^{0,5}$ (siehe Kapitel 4.2.2). Bei 1 µm Korngröße beträgt sie ca. 30 nm, unabhängig von der Dotierung. Während bei D_{eff} = 0,5 mol% nur eine kleine Verringerung der Gitterverzerrung bei kleiner werdender Korngröße zu beobachten ist, ist bei mit D_{eff} = 0,125 mol% bereits eine signifikante Änderung festzustellen. Demnach muss auch der gestörte Bereich (siehe Abb. 79) deutlich größer geworden sein.

Neben den mechanischen Spannungen im Bereich einer 90°-Domänenwand existieren noch zusätzliche Einflüsse durch die spontane Verzerrung des Gitters unterhalb T_C. Die bei der Verformung der Kristallite bzw. des keramischen Korns entstehende mechanische Energie wird, wie bereits in Kapitel 2.1.5 beschrieben, maßgeblich durch die Bildung von nicht 180°-Domänen abgebaut. Bei einer ausreichend großen Korngröße (**Bereich I**) bilden sich zusätzlich 180°-Domänenkonfigurationen. Der Umstand, dass bei sehr kleinen Korngrößen (**Bereich II**) eine ausschließlich 90° Domänenstruktur vorliegt, deutet auf verbleibende mechanische Spannungen im Gefüge hin. Die Bildung von 180°-Domänen findet somit nicht statt bzw. wird unterdrückt. Daraus lässt sich schlussfolgern, dass bei einer ausschließlich lamellaren nicht 180°-Domänenstruktur noch interne mechanische Spannungen im Keramikgefüge existieren. Diese verbleibenden Spannungen führen zu einer zusätzlichen Verminderung der Verzerrung der Perowskitstruktur. Bei Verringerung der Korngröße unterhalb g_{krit} nimmt dieser Effekt stark zu.

Die Verringerung der Korngröße führt weiterhin zu einem veränderten Frequenzverhalten der relativen Permittivität. Abb. 80 zeigt einen Vergleich zwischen einer sehr feinkörnigen und einer grobkörnigen PZT-Probe. Deutlich ist der Unterschied in der Steigung der Frequenzabhängigkeit im Bereich zwischen $10 - 10^8$ Hz und eine erhöhte Permittivität im Frequenzbereich für $f < 10^5$ Hz zu beobachten. Vergleichbare Untersuchungen an $BaTiO_3$ zeigen ebenfalls eine Zunahme der Steigung α bei einer Korngröße von ≈ 1 µm und eine deutlich erhöhte Permittivität in diesem Korngrößenbereich [227, 228, 230]. Die Autoren führen dies auf die Änderung der Domänenstruktur in $BaTiO_3$ zurück, welche bei einer Korngröße von 1µm ausschließlich aus einer lamellaren 90°-Domänenstruktur aufgebaut ist. Die Erhöhung der Permittivität bei dieser Korngröße ist nach Hoshina auf die Zunahme der Dipolpolarisation zurückzuführen, generiert durch 90°-Domänenwandschwingungen. Nimmt nun die Domänenwanddichte zu, ist bei gleichbleibender Beweglichkeit eine deutliche Zunahme der Permittivität als auch der Frequenzabhängigkeit zu erwarten. Ein vergleichbares Phänomen wird im Allgemeinen auch für Akzeptor und Donator dotierte PZT-Materialien beobachtet [161].

Alle in dieser Arbeit untersuchten Zusammensetzungen zeigen einen Anstieg der Permittivität ε'_0 und der Steigung α mit abnehmender Korngröße. Dies gilt als Beleg für den Anstieg der Domänenwanddichte und stimmt mit den Änderungen der Domänenstrukturen in Abb. 77 überein.

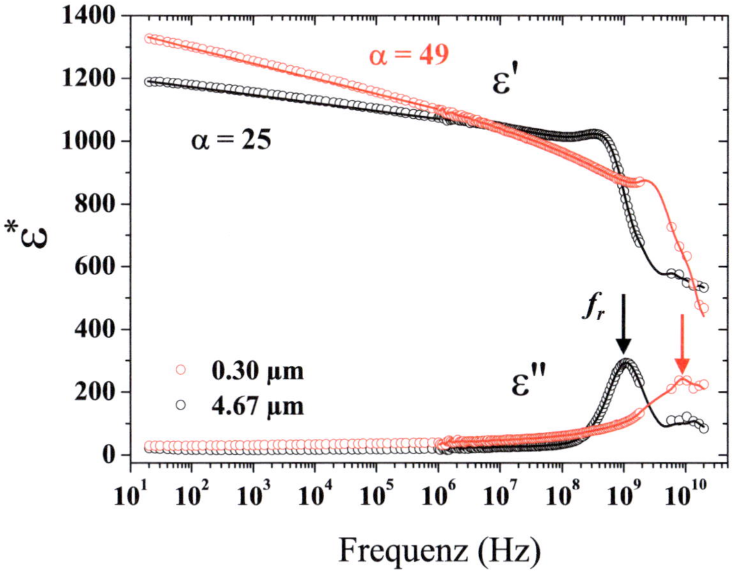

Abb. 80: **Einfluss der Korngröße auf das frequenzabhängige Verhalten der komplexen Permittivität, dargestellt für PZT 52/48 mit D_{eff} = 0,5 mol%.**

Die Polarisation eines Ferroelektrikums führt im Allgemeinen zu einer Änderung der Domänenstruktur. Domänen mit einer zur elektrischen

Feldrichtung günstig gelegenen Orientierung der spontanen Polarisation „wachsen" auf Kosten ungünstig orientierter Domänen. Weitere Effekte, wie z.B. das Klemmen von Domänenwänden („domain clamping") und die Anisotropie der Permittivität ($\varepsilon_{33} < \varepsilon_{11}$), führen zu dem bekannten Verhalten der Permittivitätsänderung durch den Polarisationsprozess der Keramik (siehe Kapitel 2.1.6). Neben diesem Einfluss ist ebenfalls eine Abnahme der Domänenwanddichte durch die Polarisation zu erwarten.

Abb. 81 zeigt nun einen Vergleich der 200-Reflexgruppe im ungepolten und gepolten Zustand für PZT 53/47 mit D_{eff} = 0,5 mol%. Sie zeigt die charakteristischen Änderungen der Kristallstruktur für überwiegend tetragonale Materialien durch die Polarisation.

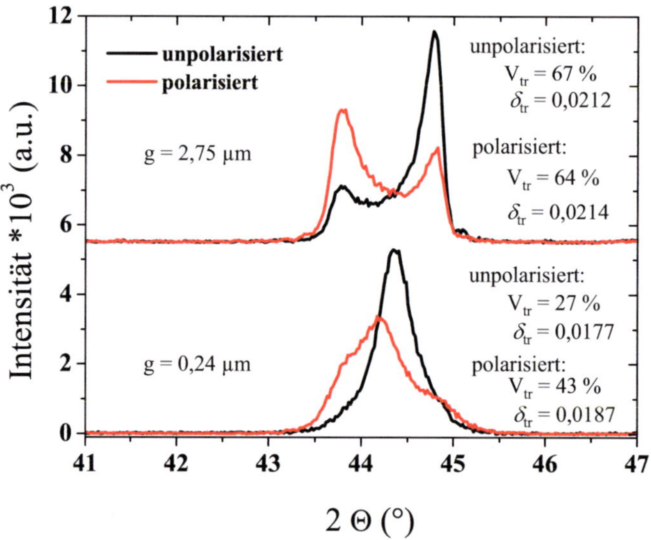

Abb. 81: **Einfluss der Polarisation auf den tetragonalen Phasengehalt bzw. tetragonale Verzerrung, dargestellt für zwei unterschiedliche Korngrößen der Zusammensetzung PZT 53/47 mit D_{eff} = 0,5 mol%.**

In Abb. 81 treten bei einer Korngröße von 2,75 µm durch den Polungsprozess keine Änderungen der Verzerrung des Perowskitgitters bzw. der kristallographischen Phasengehalte ein. Ebenfalls wird in diesem Korngrößenbereich keine Änderung der Steigung α durch die Polung herbeigeführt, jedoch nimmt die Permittivität zu aufgrund der Aufhebung des „domain clamping". Bei Verringerung der Korngröße bis g_{krit} nimmt die nicht 180°-Domänenwanddichte zu, was zu einer Zunahme der Permittivität und zu einer leichten Erhöhung der Steigung α führt. Wird die Korngröße weiter verringert, so tritt eine signifikante Erhöhung des c-Gitterparameters von 4,115 Å im ungepolten auf 4,126 Å im gepolten Zustand bei einer annähernd gleich bleibenden a-Gitterkonstante auf. Dies führt zu einer Erhöhung des Deformationsparameters δ_{tr} von 0,0177 auf 0,0187. Der tetragonale Volumenanteil nimmt ebenfalls von 27% auf 43% zu. Dieser Umstand steht in Korrelation mit einer deutlichen Abnahme der Steigung α und der Permittivität in diesem Korngrößen-bereich, bzw. einer Abnahme der Domänenwandbeiträge durch die Verringerung ihrer Anzahl. Unter der Berücksichtigung der lamellaren 90°-Domänenstruktur und des gezeigten Modells in Abb. 79 lassen sich die korngrößenabhängigen Änderungen der Kristallstruktur und der Permittivität bzw. deren Frequenzabhängigkeit durch die Abnahme der Domänenwanddichte erklären. Bei Korngrößen im Bereich mehrerer µm wird durch die Polung ebenfalls die Domänengröße erhöht bzw. die Domänenwanddichte verringert, wie Abb. 63 und 64 belegen (siehe Kapitel 4.3.3), jedoch ohne Auswirkung auf die Frequenzdispersion bzw. α. Offensichtlich kompensieren sich die Auswirkungen der Änderung der Domänenwanddichte und des „domain clamping" für tetragonale Zusammensetzungen in diesem Korngrößen-bereich.

Wie bereits in Kapitel 4.3.3 diskutiert, nimmt die Permittivität ε_0' für rhomboedrische Materialien aufgrund $\varepsilon_{33} < \varepsilon_{11}$ durch die Polarisation ab. Die Steigung α der Frequenzdispersion verringert sich aufgrund der Verminderung von nicht 180°-Domänenwandbeiträgen. Dieser Zusammenhang trifft für Korngrößen zwischen 1 – 5,5 µm zu. Verringert sich die Korngröße unter g_{krit}, dominieren die Beiträge der Domänenwände auch nach der Polung und führen zu einem Anstieg von ε_0' und α.

In zahlreichen Veröffentlichungen wurde von Nanodomänen in morphotropen PZT-Materialien berichtet und deren Einfluss auf makroskopische Eigenschaften diskutiert [67, 70, 101, 231, 232]. Weiterhin wurde ein Phasendiagramm für La dotiertes PZT aus Untersuchungen mittels Röntgen- und Neutronenbeugung abgeleitet [127]. Dem Phasendiagramm nach zu urteilen, treten in einem Bereich zwischen 46 und 49 mol% Ti Nanodomänen auf. Die in dieser Arbeit untersuchten Zusammensetzungen hatten einen Ti-Gehalt von 45 - 52 mol% und ermöglichen so die Charakterisierung auch außerhalb des durch Nanodomänenstrukturen gekennzeichneten Zusammen-setzungsbereiches. Die untersuchten Materialien zeigen eine systematische Änderung für tetragonale als auch für rhomboedrische Materialien, welche sich über den gesamten, untersuchten Zusammensetzungsbereich erstreckt. Das Vorhandensein von Nanodomänen scheint daher keine maßgebliche Rolle beim Einfluss der Korngröße auf die Eigenschaften von PZT-Materialien zu spielen.

Abb. 80 zeigt die signifikante Korngrößenabhängigkeit der Relaxationsfrequenz f_r. Bei der Untersuchung des Korngrößeneinflusses auf f_r konnte, unabhängig von der Dotierung bzw. auch für unterschiedliche Zr/Ti-Verhältnisse, eine logarithmische Abhängigkeit nachgewiesen werden, siehe Abb. 59. Der Anstieg der Geraden beträgt 0,85 und weicht somit deutlich von dem durch das Arlt'sche Modell berechneten Wert von 0,5 ab. An dieser Stelle zeichnet sich die Grenze des Modells ab, aufgrund der starken Abstraktion und Vernachlässigung von Wechselwirkungsmechanismen bei der Schwingung von Domänenwänden.

Das Arlt'sche Modell weist zudem auch bei feinkörnigem $BaTiO_3$ deutliche Unterschiede zwischen der berechneten und der beobachteten Relaxationsfrequenz (Abb. 60) auf. Die berechnete Relaxationsfrequenz ist im Vergleich zum Experiment viel zu hoch. Auch der Anstieg weicht mit einem Wert von 0,2 deutlich von der vorhergesagten Steigung von 0,5 ab.

Der Einfluss der Polarisation der Materialien, siehe Abb. 64 und Abb. 65, deutet prinzipiell auf die Bewegung von Domänenwänden als Hauptursache für das Relaxationsphänomen hin, jedoch kann die Relaxation von Domänenclustern und die piezoelektrische Resonanz der Körner nicht ausgeschlossen werden [165]. Bemerkenswert ist die Korngrößenabhängigkeit der inversen Relaxationsfrequenz bei doppelt logarithmischer Auftragung, siehe Abb. 59.

<u>Einfluss der Dotierung</u>

Die Verringerung des effektiven Donatorgehaltes von 1 mol% auf 0,125 mol% führt zu einer signifikanten Verschiebung der kritischen Korngröße von $\approx$ 0,5 µm auf $\approx$ 2 µm. Die Charakteristik der Korngrößenabhängigkeit der Gitterparameter (Abb. 49), der Domänenkonfiguration (Abb. 41 a-f) und der Permittivität ist jedoch vergleichbar. Dies legt den Schluss nahe, dass die gleichen Mechanismen für die Korngrößenabhängigkeit der genannten Eigenschaften verantwortlich sind, wie bei höheren effektiven Donatorgehalten, wie z.B. 0,5 mol% oder 1 mol%, was einer Dotierung mit 1 mol% La bzw. 2 mol% La entspricht. Eine Erklärung für dieses Verhalten liefert die Wechselwirkung zwischen Punktdefekten und ferroelastischen bzw. ferroelektrischen Domänenwänden, wie sie beispielsweise von E. K. H. Salje und D. Shilo diskutiert werden [233, 234]. Dem Modell liegt zugrunde, dass Punktdefekte bzw. eine Anhäufung von Punktdefekten (Cluster) sich an Domänenwänden ansammeln und zu einer Erhöhung der Domänenwandbreite führen. Theoretische Berechnungen auf Basis einer Landau-Ginzburg freien Energie-Dichte [235, 236], einer elektrostatischen Potentialdichte [237] und

Computer-Simulationen [238] stützen diese Überlegungen. Es wird davon ausgegangen, dass Sauerstoff-Vakanzen aufgrund ihres hohen Einfangpotentials von 1,25 eV besonders dazu neigen, sich an Domänenwänden anzureichern [238]. Franck et al. machen in diesem Zusammenhang eine sehr interessante Beobachtung an 90°-Domänenwänden von $BaTiO_3$. Mittels PFM-Analyse konnten sie die Breite der Polarisationsänderung einer 90°-Domänenwand bestimmen. Sie beträgt 76 nm und ist damit fast 8 mal stärker als die physikalische Domänenwandbreite, welche zu 10 nm bestimmt wurde [239]. Als Ursache hierfür werden vor allem elektrostatische Effekte im Bereich der Domänenwand verantwortlich gemacht, die zu dem oben genannten Effekt der Anreicherung von Punktdefekten führen.

5.3 Einfluss der Korngröße auf das Großsignalverhalten

Die Trennung des Korngrößeneinflusses in zwei Bereiche trifft sowohl auf das Klein- als auch auf das Großsignalverhalten der untersuchten PZT-Keramiken zu. Im Bereich oberhalb der kritischen Korngröße (**Bereich I**) bewirkt, mit abnehmender Korngröße, die Zunahme der nicht 180°-Domänenkonfigurationen eine Erhöhung der remanenten Dehnung S_{rem} und remanenten Polarisation P_{rem}, siehe Abb. 67 und 69. Da sich in diesem Korngrößenbereich keine signifikanten Änderungen der Verzerrung des Kristallgitters bzw. der Phasenanteile vollziehen, führt die Erhöhung von S_{rem} und P_{rem} zu einem erhöhten Domänenorientierungsgrad θ (Gleichung 4.5 bzw. 4.6) bzw. einer Zunahme von nicht 180°-Domänenschaltprozessen η während der Polung (Gleichung 4.8 bzw. 4.9).

Steigt der Orientierungsgrad der Domänen im polarisierten Zustand an, sind weniger reversible nicht 180°-Domänenprozesse bei unipolarer Zyklierung möglich. Somit verringert sich der extrinsische Dehnungsanteil an der unipolaren Gesamtdehnung, siehe Abb. 71. Dies wirkt sich besonders bei der rhomboedrischen Zusammensetzung mit einem Zr/Ti-Verhältnis von 55/45 aus, deren Gesamtdehnung um $\approx$ 28 % vermindert wird bei etwa gleichbleibendem intrinsischen Dehnungsanteil. Für Materialien mit morphotroper bzw. tetragonaler Zusammensetzung fällt die Änderung der unipolaren Dehnung deutlich geringer aus. Ein vergleichbares Verhalten wurde auch von Randall et al. bzw. von Kungl et al. beobachtet [15, 147].

Sinkt die Korngröße unterhalb des kritischen Wertes (**Bereich II**), nehmen sowohl die remanente Dehnung, als auch die remanente Polarisation bei Verringerung der Korngröße stark ab, siehe Abb. 67 und 69. Die Domänenkonfiguration besteht in diesem Korngrößenbereich aus einer einfachen lamellaren Struktur, wie sie in Abb. 79 schematisch dargestellt ist. Bei sehr kleinen Korngrößen wird die Kristallstruktur stark durch die mechanischen Spannungen im Bereich der Domänenwände beeinflusst, was aus den in Kapitel 4.3 durchgeführten XRD-Untersuchungen als auch aus Raman-Spektren hervorgeht. Folglich führt die starke Abnahme der Verzerrungsparameter δ_{tr} bzw. δ_{rh} (Abb. 46) mit kleiner werdender Korngröße zu der beschriebenen Abnahme von S_{rem} und P_{rem}. Die starke Zunahme der Koerzitivfeldstärke in Abb. 69 a) in Verbindung mit der geringen remanenten Polarisation deutet weiterhin auf eine erschwerte Domänenwandbewegung hin, was sich negativ auf den Orientierungsgrad θ bzw. auf die Anzahl der Schaltprozesse η der Domänen im gepolten Zustand auswirkt. Die Summe dieser Änderungen bewirkt die Abnahme der intrinsischen und extrinsischen Anteile an der unipolaren Gesamtdehnung unterhalb der kritischen Korngröße in Abb. 72. Im Wesentlichen kann für die untersuchten PZT-Keramiken mit Zr/Ti-Variation und konstantem effektiven Donatorgehalt von D_{eff} = 0,5 mol% eine kritische Korngröße von $\approx$ 0,6 µm angegeben werden. Je geringer der Verzerrungsparameter der Zusammensetzung ist, desto ausgeprägter sind dabei die korngrößenbedingten Änderungen der Koerzitivfeldstärke (Abb. 69 a), der remanenten Dehnung (Abb. 67), der remanenten Polarisation (Abb. 69 b) aber auch der unipolaren Dehnung (Abb. 72). Dies bedeutet, dass je größer der Einfluss der extrinsischen Domänenschaltprozesse an den entsprechenden Großsignalparametern (P_{rem}, S_{rem}, d_{33}^{*}, E_c) ist, desto prägnanter ist der Einfluss der Korngröße. Bei Variation des effektiven Donatorgehalts zeigen Abb. 73, 74 b) und 75 eine vergleichbare Charakteristik der Korngrößenabhängigkeit für P_{rem}, S_{rem} und d_{33}^{*} der untersuchten Zusammensetzungen, jedoch lässt sich eine Verschiebung der kritischen Korngröße feststellen. Wie aus Abb. 76 hervorgeht, ist gerade bei kleinem D_{eff} bzw. einer hohen Defektkonzentration an $V_O^{\bullet\bullet}$ eine große Änderung der kritischen Korngröße feststellbar. Die Änderung der Domänenkonfiguration tritt bei wesentlich größeren Korngrößen ein und führt zu einer deutlich geringeren spontanen Verzerrung und geringeren Anzahl an nicht 180° Domänenschaltprozessen. Die Wechselwirkung der $V_O^{\bullet\bullet}$ mit der Polarisationsänderung innerhalb einer nicht 180°-Domänenwand führt zu sehr großen Domänenwandbreiten, aufgrund dessen wird der Wechsel von einer komplexen Domänenstruktur zu einer einfach lamellaren Struktur zu größeren Korngrößen verschoben. Die einhergehenden Veränderungen in der Kristallstruktur und Beweglichkeit der Domänenwände führen bei weiterer Verringerung der Korngröße zu dem beobachteten Verhalten in Abb. 75.

6 Zusammenfassung

Ziel dieser Arbeit war die Untersuchung des Korngrößeneinflusses auf die Eigenschaften Donator dotierter PZT-Keramiken und die Analyse von grundlegenden Wechselwirkungsmechanismen zwischen der Korngröße, Kristallstruktur und ferroelektrischem Materialverhalten. Die Charakterisierung erfolgte auf der Grundlage struktureller, dielektrischer und elektromechanischer Untersuchungen. Für die Interpretation der Domänenstruktur wurden PFM-Aufnahmen angefertigt.

Die im Rahmen dieser Arbeit mittels verschiedener Zr-Ti-Prekursoren synthetisierten PZT-Keramiken weisen eine Korngröße von 0,24 - 8 μm auf und stellen somit eine Brücke zwischen konventionell hergestellten Materialien und dünnen Filmen dar.

Die Verringerung der Korngröße führt bei den untersuchten PZT-Materialien zu einer Änderung der Domänenbreite und Domänenkonfiguration. Während die Domänenbreite dem Zusammenhang $d \propto (g)^{0,5}$ folgt, existiert für die Domänenkonfiguration eine kritische Korngröße ab der ein Wechsel von einer 3D- in eine 2D-Domänenstruktur erfolgt. Für einen effektiven Donatorgehalt von 0,5 mol% (Dotierung mit 1mol% La) beträgt die kritische Korngröße etwa 0,5 μm und ist unabhängig vom untersuchten Zr/Ti-Bereich zwischen 55/45 und 48/52. Die Ursache für unterschiedliche Domänenkonfigurationen liegt in der Wechselwirkung zwischen der elastischen Energie der Körner und der Energie der 90°-bzw. nicht 180°-Domänenwände. Dabei wird die Bildung von nicht 180°-Domänen bevorzugt, aufgrund ihrer höheren Bildungsenergie. Bei abnehmender Korngröße konnte die Zunahme der nicht 180°-Domänen durch die Erhöhung der remanenten Polarisation und Dehnung nachgewiesen werden. Unterschreitet jedoch die Korngröße die für das Material kritische Korngröße, ist eine starke Verringerung der Kristallverzerrung aufgrund hoher mechanischer Spannungen innerhalb eines Korns die Folge. Zusätzlich steigt der Volumenanteil der Domänenwände am Gesamtvolumen und beeinflusst somit ebenfalls die durchschnittliche spontane Polarisation des Materials. Für Korngrößen unterhalb der kritischen Korngröße führt dies zu einer signifikanten Reduzierung der extrinsischen und intrinsischen Dehnungsanteile und zu einer deutlichen Reduzierung der remanenten Polarisation.

Die Variation des effektiven Donatorgehaltes von 1 mol% bis zu 0,125 mol% wurde durch einen abnehmenden La-Gehalt bzw. durch eine La, Fe Codotierung realisiert. Dies bewirkt eine Verschiebung der kritischen Korngröße von $\approx$ 0,5 µm zu $\approx$ 2 µm. Die Charakteristik der makroskopischen Eigenschaften ist jedoch vergleichbar mit höheren eff. Donatorgehalten. Einen zentralen Aspekt bei der Diskussion der Korngrößenabhängigkeit spielt die Rolle der 90°- bzw. nicht 180°-Domänenwandbreite. Neue theoretische Berechnungen und experimentelle Untersuchungen zeigen, dass die als stabil angenommene Domänenwandbreite durch die Veränderung der Defektchemie, insbesondere durch Sauerstoffvakanzen, beeinflusst wird und zu einer Erhöhung der Domänenwandbreite führt. Zudem konnte mittels PFM nachgewiesen werden, dass es einen signifikanten Unterschied zwischen der physikalischen Domänenwandbreite (strukturelle Änderung) und der Änderung der Polarisationsrichtung gibt. Als Konsequenz für diese Arbeit ergibt sich ein signifikanter Einfluss der Defektchemie auf die Struktur der Domänenwand, was zu der beobachteten Verschiebung der kritischen Korngröße führt.

Als technisch relevant sind die Vereinfachungen der PZT-Synthese, bei der auf einen weiteren Feinmahlschritt nach der Kalzination gänzlich verzichtet werden kann und die sehr geringen Sintertemperaturen < 925 °C hervorzuheben. Fazit ist jedoch auch, dass ein verstärktes Kornwachstum bei geringen eff. Donatorgehalten bzw. hoher Konzentration an Sauerstoffvakanzen nicht entkoppelt werden kann. Dies führt zu einem Anstieg der kritischen Korngröße. Es ist somit ein Kompromiss zu treffen zwischen ausreichend hohen elektromechanischen Eigenschaften und niedriger Sintertemperatur. Auf der Basis dieser Arbeit ist es möglich, diese Parameter entsprechend einzustellen.

7 Literaturverzeichnis

1. Heywang, W., *Piezoelectricity,* 2008, Springer, New York.

2. Moulson, A.J. and J.M. Herbert, *Electroceramics : materials, properties, applications.* 2nd ed, 2003, West Sussex ; New York: Wiley. xiv, 557 p.

3. Waser, R., U. Böttger, and S. Tiedke, *Polar oxides : properties, characterization and imaging,* 2005, Weinheim ; [Great Britain]: Wiley-VCH. 387 p.

4. Jo, W., et al., *Giant electric-field-induced strains in lead-free ceramics for actuator applications - status and perspective.* Journal of Electroceramics, 2012. **29**(1): p. 71-93.

5. Curecheriu, L., et al., *Grain size effect on the nonlinear dielectric properties of barium titanate ceramics.* Applied Physics Letters, 2010. **97**(24).

6. Shaw, T.M., S. Trolier-McKinstry, and P.C. McIntyre, *The properties of ferroelectric films at small dimensions.* Annual Review of Materials Science, 2000. **30**: p. 263-298.

7. Fischer, B., *Untersuchungen zum Einfluss des Ag-Einbaus auf die Eigenschaften von La-dotiertem PZT,* 2001, Dissertation Universität Karlsruhe.

8. Laurent, M., *Untersuchung der Wechselwirkung zwischen Keramik und Elektroden beim Kosintern von PZT-Vielschichtaktoren mit Ag/Pd-Elektroden,* 2002, Dissertation Universität Karlsruhe.

9. Li, L.T., Zhang X.W. Zhang, and J.H. Chai, *Low-Temperature Sintering of Pzt Ceramics.* Ferroelectrics, 1990. **101**: p. 101-108.

10. Maiwa, H., et al., *Low temperature sintering of PZT ceramics without additives via an ordinary ceramic route.* Journal of the European Ceramic Society, 2005. **25**(12): p. 2383-2385.

11. Tandon, R.P., et al., *Low temperature sintering of PZT ceramics using a glass additive.* Ferroelectrics, 1997. **196**(1-4): p. 437-440.

12. Wang, X.X., et al., *Piezoelectric properties, densification behavior and microstructural evolution of low temperature sintered PZT ceramics with sintering aids.* Journal of the European Ceramic Society, 2001. **21**(10-11): p. 1367-1370.

13. Demartin, M., *Influence de l'élaboration et de la microstructure sur le déplacement des parois de domaine et les propriétés électro-mécaniques de céramiques de Pb(Zr, Ti)O₃ et BaTiO₃.*, PhD Thesis, EPFL, 1996.

14. Lange, U., *Einfluß der Korngröße auf die morphotrope Phasengrenze in Sol-Gel abgeleiteten Nd-dotierten PZT-Keramiken*, 2003, Dissertation Universität Würzburg.

15. Randall, C.A., et al., *Intrinsic and extrinsic size effects in fine-grained morphotropic-phase-boundary lead zirconate titanate ceramics.* Journal of the American Ceramic Society, 1998. **81**(3): p. 677-688.

16. Ikeda, T.o., *Fundamentals of piezoelectricity.* Oxford science publications, 1990, Oxford ; New York: Oxford University Press. xi, 263 p.

17. Kleber, W., H.-J. Bautsch, and J. Bohm, *Einführung in die Kristallographie.* Vol. 18. 1998, Berlin: Verlag Technik Berlin.

18. Schaumburg, H., *Werkstoffe der Elektrotechnik.* Band 5 Keramik, 1994, Stuttgart: B. G. Teubner.

19. Zheludev, I.S., *Physics of crystalline dielectrics,* 1971, New York,: Plenum Press. v.

20. Jaffe, B., W.R. Cook, and H.L. Jaffe, *Piezoelectric ceramics.* Non-metallic solids, 1971, London, New York,: Academic Press. ix, 317 p.

21. Rosen, C.Z., B.V. Hiremath, and R.E. Newnham, *Piezoelectricity*. Key papers in physics, 1992, New York: American Institute of Physics. vi, 537 p.

22. Rose, G., *Ueber einige neue Mineralien des Urals*. Journal für Praktische Chemie, 1840. **19**(1): p. 459-468.

23. Goldschmidt, V.M., *Die Gesetze der Krystallochemie*. Die Naturwissenschaften, 1926. **21**: p. 477-485.

24. Fesenko, E.G., *Semejstvo perowskita i segnetoelectricestvo*, 1972, Moskva: Atomizdat.

25. Kassanogly, F.A. and V.E. Naish, *The Immanent Chaotization of Crystal-Structures and the Resulting Diffuse-Scattering .2. Crystallochemical Conditions of Perovskite Chaotization*. Acta Crystallographica Section B-Structural Science, 1986. **42**: p. 307-313.

26. Xu, Y., *Ferroelectric materials and their applications*, 1991, Amsterdam ; New York: North-Holland. xiv, 391 p.

27. Picht, G., *Dielektrische, piezoelektrische, ferroelektrische Charakterisierung und Struktur - Eigenschaftsbeziehungen im System BNBT und darauf basierenden Dreistoffsystemen*, 2006, FH Jena: Jena.

28. Cohen, R.E., *Origin of Ferroelectricity in Perovskite Oxides*. Nature, 1992. **358**(6382): p. 136-138.

29. Shannon, R.D., *Revised Effective Ionic-Radii and Systematic Studies of Interatomic Distances in Halides and Chalcogenides*. Acta Crystallographica Section A, 1976. **32**(Sep1): p. 751-767.

30. Thomann, H., *A Covalency Model of Ferroic Phase-Transitions in Perovskites*. Ferroelectrics, 1987. **73**(1-2): p. 183-199.

31. Heywang, W. and H. Thomann, *Tailoring of Piezoelectric Ceramics*. Annual Review of Materials Science, 1984. **14**: p. 27-47.

32. Shirane, G. and K. Suzuki, *Crystal Structure of Pb(Zr,Ti)O₃*. Journal of the Physical Society of Japan, 1952. **7**(3): p. 333-333.

33. Shirane, G., K. Suzuki, and A. Takeda, *Phase Transitions in Solid Solutions of PbZrO₃ and PbTiO₃ .2. X-Ray Study*. Journal of the Physical Society of Japan, 1952. **7**(1): p. 12-18.

34. Shirane, G. and A. Takeda, *Phase Transitions in Solid Solutions of PbZrO₃ and PbTiO₃ .1. Small Concentrations of Pbtio3*. Journal of the Physical Society of Japan, 1952. **7**(1): p. 5-11.

35. Sawaguchi, E., *Ferroelectricity Versus Antiferroelectricity in the Solid Solutions of PbZrO₃ and PbTiO₃*. Journal of the Physical Society of Japan, 1953. **8**(5): p. 615-629.

36. Jaffe, B., R.S. Roth, and S. Marzullo, *Piezoelectric Properties of Lead Zirconate-Lead Titanate Solid-Solution Ceramics*. Journal of Applied Physics, 1954. **25**(6): p. 809-810.

37. Berlincourt, D., B. Jaffe, and H.H.A. Krueger, *Stability of Phases in Modified Lead Zirconate with Variation in Pressure Electric Field Temperature + Composition*. Journal of Physics and Chemistry of Solids, 1964. **25**(7): p. 659-&.

38. Corker, D.L., et al., *A re-investigation of the crystal structure of the perovskite PbZrO₃ by X-ray and neutron diffraction*. Acta Crystallographica Section B-Structural Science, 1997. **53**: p. 135-142.

39. Corker, D.L., et al., *A neutron diffraction investigation into the rhombohedral phases of the perovskite series PbZr₁₋ₓTiₓO₃*. Journal of Physics-Condensed Matter, 1998. **10**(28): p. 6251-6269.

40. Glazer, A.M., K. Roleder, and J. Dec, *Structure and Disorder in Single-Crystal Lead Zirconate, Pbzro3*. Acta Crystallographica Section B-Structural Science, 1993. **49**: p. 846-852.

41. Nelmes, R.J. and W.F. Kuhs, *The Crystal-Structure of Tetragonal PbTiO₃ at Room-Temperature and at 700 K*. Solid State Communications, 1985. **54**(8): p. 721-723.

42. Mabud, S.A. and A.M. Glazer, *Lattice-Parameters and Birefringence in PbTiO₃ Single-Crystals.* Journal of Applied Crystallography, 1979. **12**(Feb): p. 49-53.

43. Mitchell, R.H., *Perovskites Modern and Ancient,* 2002, Ontario: Almaz Press Inc.

44. Kuroiwa, Y., et al., *Evidence for Pb-O covalency in tetragonal PbTiO₃.* Physical Review Letters, 2001. **87**(21).

45. Gavrilya.Vg, et al., *Spontaneous Polarization and Coercive Field of Lead Titanate.* Soviet Physics Solid State,Ussr, 1970. **12**(5): p. 1203-&.

46. Rossetti, G.A. and N. Maffei, *Specific heat study and Landau analysis of the phase transition in PbTiO₃ single crystals.* Journal of Physics-Condensed Matter, 2005. **17**(25): p. 3953-3963.

47. Jaffe, B., R.S. Roth, and S. Marzullo, *Properties of Piezoelectric Ceramics in the Solid-Solution Series Lead Titanate-Lead Zirconate-Lead Oxide - Tin Oxide and Lead Titanate-Lead Hafnate.* Journal of Research of the National Bureau of Standards, 1955. **55**(5): p. 239-254.

48. Mishra, S.K., D. Pandey, and A.P. Singh, *Effect of phase coexistence at morphotropic phase boundary on the properties of $Pb(Zr_{1-x}Ti_x)O_3$ ceramics.* Applied Physics Letters, 1996. **69**(12): p. 1707-1709.

49. Ragini, et al., *Room temperature structure of $Pb(Zr_{1-x}Ti_x)O_3$ around the morphotropic phase boundary region: A Rietveld study.* Journal of Applied Physics, 2002. **92**(6): p. 3266-3274.

50. Cao, W.W. and L.E. Cross, *The Ratio of Rhombohedral and Tetragonal Phases on the Morphotropic Phase-Boundary in Lead Zirconate Titanate.* Japanese Journal of Applied Physics Part 1-Regular Papers Short Notes & Review Papers, 1992. **31**(5A): p. 1399-1402.

51. Cao, W.W. and L.E. Cross, *Theoretical-Model for the Morphotropic Phase-Boundary in Lead Zirconate Lead Titanate Solid-Solution.* Physical Review B, 1993. **47**(9): p. 4825-4830.

52. Noheda, B., *Structure and high-piezoelectricity in lead oxide solid solutions.* Current Opinion in Solid State & Materials Science, 2002. **6**(1): p. 27-34.

53. Noheda, B., *Piezoelectric materials overview.* Current Opinion in Solid State & Materials Science, 2002. **6**(1): p. 9-9.

54. Noheda, B. and D.E. Cox, *Bridging phases at the morphotropic boundaries of lead oxide solid solutions.* Phase Transitions, 2006. **79**(1-2): p. 5-20.

55. Glazer, A.M., et al., *Influence of short-range and long-range order on the evolution of the morphotropic phase boundary in $Pb(Zr_{1-x}Ti_x)O_3$.* Physical Review B, 2004. **70**(18).

56. Mabud, S.A., *The Morphotropic Phase-Boundary in PZT Solid-Solutions.* Journal of Applied Crystallography, 1980. **13**(Jun): p. 211-216.

57. Kakegawa, K. and J.I. Mohri, *Synthesis of (Ba, Pb) (Zr, Ti)O_3 Solid-Solution Having No Compositional Fluctuations.* Journal of the American Ceramic Society, 1985. **68**(8): p. C204-C205.

58. Kulig, M., et al., *High Performance PZT Ceramic from Hydrothermally Synthesized Precursor Powders*, in *Charting the Future*, P. Vincenzini, Editor 1995, Techna Srl. p. 2493-2498.

59. Kakegawa, K., et al., *Compositional Fluctuation and Properties of $Pb(Zr,Ti)O_3$.* Solid State Communications, 1977. **24**(11): p. 769-772.

60. Noheda, B., et al., *A monoclinic ferroelectric phase in the $Pb(Zr_{1-x}Ti_x)O_3$ solid solution.* Applied Physics Letters, 1999. **74**(14): p. 2059-2061.

61. Noheda, B., et al., *Stability of the monoclinic phase in the ferroelectric perovskite $Pb(Zr_{1-x}Ti_x)O_3$.* Physical Review B, 2001. **63**(1).

62. Guo, R., et al., *Origin of the high piezoelectric response in $Pb(Zr_{1-x}Ti_x)O_3$.* Physical Review Letters, 2000. **84**(23): p. 5423-5426.

63. Floquet, N. and C. Valot, *Ferroelectric domain walls in BaTiO$_3$: Structural wall model interpreting fingerprints in XRPD diagrams.* Ferroelectrics, 1999. **234**(1-4): p. 107-122.

64. Valot, C., et al., *Powder X-ray diffraction and microstructure in ferroelectric domains.* Journal De Physique Iv, 1996. **6**(C4): p. 71-89.

65. Valot, C.M., et al., *A new possibility for powder diffraction: The characterization of the domain microstructure in ferroelectric material.* European Powder Diffraction: Epdic Iv, Pts 1 and 2, 1996. **228**: p. 59-66.

66. Arlt, G., D. Hennings, and G. Dewith, *Dielectric-Properties of Fine-Grained Barium-Titanate Ceramics.* Journal of Applied Physics, 1985. **58**(4): p. 1619-1625.

67. Schmitt, L.A., et al., *Composition dependence of the domain configuration and size in Pb(Zr$_{1-x}$Ti$_x$)O$_3$ ceramics.* Journal of Applied Physics, 2007. **101**(7).

68. Theissmann, R., et al., *Nanodomains in morphotropic lead zirconate titanate ceramics: On the origin of the strong piezoelectric effect.* Journal of Applied Physics, 2007. **102**(2).

69. Woodward, D.I., J. Knudsen, and I.M. Reaney, *Review of crystal and domain structures in the Pb(Zr$_{1-x}$Ti$_x$)O$_3$ solid solution.* Physical Review B, 2005. **72**(10).

70. Schonau, K.A., et al., *Nanodomain structure of Pb(Zr$_{1-x}$Ti$_x$)O$_3$ at its morphotropic phase boundary: Investigations from local to average structure.* Physical Review B, 2007. **75**(18).

71. Schierholz, R. and H. Fuess, *Symmetry of domains in morphotropic Pb(Zr$_{1-x}$Ti$_x$)O$_3$ ceramics.* Physical Review B, 2011. **84**(6).

72. Schierholz, R., et al., *Crystal symmetry in single domains of PbZr$_{0.54}$Ti$_{0.46}$O$_3$.* Physical Review B, 2008. **78**(2).

73.   Jin, L., Z.B. He, and D. Damjanovic, *Nanodomains in Fe(+3)-doped lead zirconate titanate ceramics at the morphotropic phase boundary do not correlate with high properties.* Applied Physics Letters, 2009. **95**(1).

74.   Fousek, J. and V. Janovec, *Orientation of Domain Walls in Twinned Ferroelectric Crystals.* Journal of Applied Physics, 1969. **40**(1): p. 135-&.

75.   Erhart, J., *Domain wall orientations in ferroelastics and ferroelectrics.* Phase Transitions, 2004. **77**(12): p. 989-1074.

76.   Sapriel, J., *Domain-Wall Orientations in Ferroelastics.* Physical Review B, 1975. **12**(11): p. 5128-5140.

77.   Mitsui, T., I. Tatsuzaki, and E. Nakamura, *An introduction to the physics of ferroelectrics.* Ferroelectricity and related phenomena, 1976, New York: Gordon and Breach Science Publishers. xiii, 443 p.

78.   Sonin, a. and B.A. Strukow, *Einführung in die Ferroelektrizität,* 1974: Vieweg-Verlag.

79.   Arlt, G. and P. Sasko, *Domain Configuration and Equilibrium Size of Domains in BaTiO₃ Ceramics.* Journal of Applied Physics, 1980. **51**(9): p. 4956-4960.

80.   Goo, E.K.W., R.K. Mishra, and G. Thomas, *Electron-Microscopy Study of the Ferroelectric Domains and Domain-Wall Structure in $PbZr_{0.52}Ti_{0.48}O_3$.* Journal of Applied Physics, 1981. **52**(4): p. 2940-2943.

81.   MacLaren, I., et al., *Experimental measurement of stress at a four-domain junction in lead zirconate titanate.* Journal of Applied Physics, 2005. **97**(9).

82.   Cao, W.W. and L.E. Cross, *Theory of Tetragonal Twin Structures in Ferroelectric Perovskites with a 1st-Order Phase-Transition.* Physical Review B, 1991. **44**(1): p. 5-12.

83.   Tagantsev, A.K., L.E. Cross, and J. Fousek, *Domains in ferroic crystals and thin films,* 2010, New York ; London: Springer. xv, 821 p.

84.   Meyer, B. and D. Vanderbilt, *Ab initio study of ferroelectric domain walls in PbTiO$_3$.* Physical Review B, 2002. **65**(10).

85.   Randall, C.A., D.J. Barber, and R.W. Whatmore, *Ferroelectric Domain Configurations in a Modified-PZT Ceramic.* Journal of Materials Science, 1987. **22**(3): p. 925-931.

86.   Matsuura, K., Y. Cho, and R. Ramesh, *Observation of domain walls in PbZr$_{0.2}$Ti$_{0.8}$O$_3$ thin film using scanning nonlinear dielectric microscopy.* Applied Physics Letters, 2003. **83**(13): p. 2650-2652.

87.   Lines, M.E. and A.M. Glass, *Principles and applications of ferroelectrics and related materials,* 1979, Oxford: Clarendon Press. xiii, 680p.

88.   Marton, P., I. Rychetsky, and J. Hlinka, *Domain walls of ferroelectric BaTiO$_3$ within the Ginzburg-Landau-Devonshire phenomenological model.* Physical Review B, 2010. **81**(14): p. -.

89.   *Piezoelektrische Eigenschaften Keramischer Werkstoffe und Bauelemente, Teil 1: Definitionen und Klassifikationen, Teil 2: Messverfahren und Eigenschaften, in EN 50324-1,2:2002,* E.K.f.e. Normung, Editor 2002.

90.   Berlincourt, D.A., C. Cmolik, and H. Jaffe, *Piezoelectric Properties of Polycrystalline Lead Titanate Zirconate Compositions.* Proceedings of the Institute of Radio Engineers, 1960. **48**(2): p. 220-229.

91.   Kungl, H., et al., *Estimation of strain from piezoelectric effect and domain switching in morphotropic PZT by combined analysis of macroscopic strain measurements and synchrotron X-ray data.* Acta Materialia, 2007. **55**(6): p. 1849-1861.

92.   Zhang, Q.M., et al., *Domain-Wall Excitations and Their Contributions to the Weak-Signal Response of Doped Lead Zirconate Titanate Ceramics.* Journal of Applied Physics, 1988. **64**(11): p. 6445-6451.

93.   Zhang, Q.M., et al., *Direct Evaluation of Domain-Wall and Intrinsic Contributions to the Dielectric and Piezoelectric Response and Their*

Temperature-Dependence on Lead-Zirconate-Titanate Ceramics. Journal of Applied Physics, 1994. **75**(1): p. 454-459.

94. Damjanovic, D., *Contributions to the piezoelectric effect in ferroelectric single crystals and ceramics.* Journal of the American Ceramic Society, 2005. **88**(10): p. 2663-2676.

95. Damjanovic, D. and M. Demartin, *Contribution of the irreversible displacement of domain walls to the piezoelectric effect in barium titanate and lead zirconate titanate ceramics.* Journal of Physics-Condensed Matter, 1997. **9**(23): p. 4943-4953.

96. Carl, K., *Eine Untersuchung von Polarisation, Domänenausrichtungsgrad und des Maximums der piezoelektrischen Aktivität an der morphotropen Phasengrenze von keramischen PbTiO$_3$ - PbZrO$_3$ Mischkristallen* 1972, Dissertation Universität Karlsruhe.

97. Helke, G., *Anomalien der dielektrischen und elektromechanischen Eigenschaften eines komplexen, piezokeramischen Werkstoffsystems in der Umgebung einer morphotropen Phasengrenze,* 1975, Dissertation Universität Halle.

98. Turik, A.V., et al., *Behavior Properties of Piezoceramics in Pb(Zr$_{1-x}$Ti$_x$)O$_3$ System near the Morphotropic Transition Region.* Zhurnal Tekhnicheskoi Fiziki, 1980. **50**(10): p. 2146-2151.

99. Jona, F. and G. Shirane, *Ferroelectric Crystals*1962, New York: Pergamon Press.

100. Martiren.Ht and J.C. Burfoot, *Grain-Size Effects on Properties of Some Ferroelectric Ceramics.* Journal of Physics C-Solid State Physics, 1974. **7**(17): p. 3182-3192.

101. Hinterstein, M., *Mikrostrukturanalyse von Piezokeramiken mit Hilfe von Neutronen- und Synchrotronstrahlung,* 2010, Dissertation Technische Universität Darmstadt.

102. Kungl, H., *Dehnungsverhalten von morphotropen PZT*, 2005, Dissertation Universität Karlsruhe.

103. Setter, N.E., *Piezoelectric materials in devices : extended reviews on current and emerging piezoelectric materials, technology, and applications*, 2002.

104. Pertsch, P., *Das Großsignalverhalten elektromechanischer Festkörperaktoren*, 2003, Dissertation Technische Universität Ilmenau.

105. Cross, L.E., *Ferroelectric Materials for Electromechanical Transducer Applications*. Japanese Journal of Applied Physics Part 1-Regular Papers Short Notes & Review Papers, 1995. **34**(5B): p. 2525-2532.

106. Baerwald, H.G., *Thermodynamic Theory of Ferroelectric Ceramics*. Physical Review, 1957. **105**(2): p. 480-486.

107. Uchida, N. and T. Ikeda, *Electrostriction in Perovskite-Type Ferroelectric Ceramics*. Japanese Journal of Applied Physics, 1967. **6**(9): p. 1079-&.

108. Picht, G., et al., *High Electric Field Induced Strain in Solid-State Route Processed Barium Titanate Ceramics*. Functional Materials Letters, 2010. **3**(1): p. 59-64.

109. Burfoot, J.C. and G.W. Taylor, *Polar dielectrics and their applications*1979, London: Macmillan. ix, 465p.

110. Pramanick, A., et al., *Origins of Electro-Mechanical Coupling in Polycrystalline Ferroelectrics During Subcoercive Electrical Loading*. Journal of the American Ceramic Society, 2011. **94**(2): p. 293-309.

111. Hall, D.A., et al., *A high energy synchrotron x-ray study of crystallographic texture and lattice strain in soft lead zirconate titanate ceramics*. Journal of Applied Physics, 2004. **96**(8): p. 4245-4252.

112. Marutake, M., *A Calculation of Physical Constants of Ceramic Barium Titanate*. Journal of the Physical Society of Japan, 1956. **11**(8): p. 807-814.

113. Pertsev, N.A. and G. Arlt, *Forced Translational Vibrations of 90-Degrees Domain-Walls and the Dielectric-Dispersion in Ferroelectric Ceramics.* Journal of Applied Physics, 1993. **74**(6): p. 4105-4112.

114. Pertsev, N.A., A.G. Zembilgotov, and R. Waser, *Aggregate linear properties of ferroelectric ceramics and polycrystalline thin films: Calculation by the method of effective piezoelectric medium.* Journal of Applied Physics, 1998. **84**(3): p. 1524-1529.

115. Müller, U., *Anorganische Strukturchemie.* Vol. 5. Auflage. 2006, Stuttgart: B. G. Teubner

116. Kulcsar, F., *Electromechanical Properties of Lead Titanate Zirconate Ceramics Modified with Certain 3-Valant or 5-Valent Additions.* Journal of the American Ceramic Society, 1959. **42**(7): p. 343-349.

117. Kulcsar, F., *Electromechanical Properties of Lead Titanate Zirconate Ceramics with Lead Partially Replaced by Calcium or Strontium.* Journal of the American Ceramic Society, 1959. **42**(1): p. 49-51.

118. Thomann, H., *Piezoelektrische Mechanismen in Bleizirkonat-Titanat.* Zeitschrift Fur Angewandte Physik, 1966. **20**(6): p. 554-&.

119. Morozov, M., *Softening and hardening transitions in ferroelectric Pb(Zr,Ti)O$_3$ ceramics.*, in *Ceramics Laboratory,* 2005, EPFL: Lausanne.

120. Damjanovic, D., *Hysteresis in Piezoelectric and Ferroelectric Materials*, in *The science of hysteresis*, G. Bertotti and I.D. Mayergoyz, Editors. 2006, Elsevier: Amsterdam; London. p. 337-452.

121. Jin, L., *Broadband Dielectric Response in Hard and Soft PZT: Understanding Softening and Hardening Mechanisms*, in *Ceramics Laboratory* 2011, EPFL.

122. Eichel, R.A., et al., *Defect structure in 'hard' and 'soft' lead zirconate titanate ferroelectrics – impact on concentration of bound and mobile oxygen vacancies.* in Bearbeitung, 2011.

123. Eichel, R.A., et al., *Multifrequency electron paramagnetic resonance analysis of polycrystalline gadolinium-doped PbTiO₃ - Charge compensation and site of incorporation.* Applied Physics Letters, 2006. **88**(12).

124. Erdem, E., et al., *Defect Structure in "Soft" (Gd,Fe)-Codoped PZT 52.5/47.5 Piezoelectric Ceramics.* Functional Materials Letters, 2008. **1**(1): p. 7-11.

125. Atkin, R.B. and R.M. Fulrath, *Point Defects and Sintering of Lead Zirconate-Titanate.* Journal of the American Ceramic Society, 1971. **54**(5): p. 265-&.

126. Eichel, R.A., *Structural and dynamic properties of oxygen vacancies in perovskite oxides-analysis of defect chemistry by modern multi-frequency and pulsed EPR techniques.* Physical Chemistry Chemical Physics, 2011. **13**(2): p. 368-384.

127. Hinterstein, M., et al., *Influence of lanthanum doping on the morphotropic phase boundary of lead zirconate titanate.* Journal of Applied Physics, 2010. **108**(2).

128. Haertlin.Gh and C.E. Land, *Hot-Pressed (Pb,La)(Zr,Ti)O₃ Ferroelectric Ceramics for Electrooptic Applications.* Journal of the American Ceramic Society, 1971. **54**(1): p. 1-&.

129. Hammer, M. and M.J. Hoffmann, *Sintering model for mixed-oxide-derived lead zirconate titanate ceramics.* Journal of the American Ceramic Society, 1998. **81**(12): p. 3277-3284.

130. Hoffmann, M.J. and H. Kungl, *High strain lead-based perovskite ferroelectrics.* Current Opinion in Solid State & Materials Science, 2004. **8**(1): p. 51-57.

131. Hammer, M., *Herstellung und Gefüge-Eigenschaftskorrelation von PZT-Keramiken.*, 1996, Dissertation Universität Karlsruhe.

132. Rossner, W., *Sinterverhalten und elektrische Eigenschaften von Neodym dotierter Bleizirkonat-Titanat-Keramik, hergestellt nach dem Mixed-Oxide-Verfahren.*, 1985, Dissertation Universität Erlangen-Nürnberg.

133. Hoffmann, M.J., et al., *Bleizirkonattitanate und Verfahren zu deren Herstellung*, W. OMPI, Editor 2010: Deutschland.

134. Lee, Y.Y., L. Wu, and J.S. Chang, *Domain-Structure in Modified Lead Titanate Ferroelectrics.* Ceramics International, 1994. **20**(2): p. 117-124.

135. Munoz-Saldana, J., M.J. Hoffmann, and G.A. Schneider, *Ferroelectric domains in coarse-grained lead zirconate titanate ceramics characterized by scanning force microscopy.* Journal of Materials Research, 2003. **18**(8): p. 1777-1786.

136. Arlt, G., *Twinning in Ferroelectric and Ferroelastic Ceramics - Stress Relief.* Journal of Materials Science, 1990. **25**(6): p. 2655-2666.

137. Arlt, G., *The Influence of Microstructure on the Properties of Ferroelectric Ceramics.* Ferroelectrics, 1990. **104**: p. 217-227.

138. Cao, W.W. and C.A. Randall, *Grain size and domain size relations in bulk ceramic ferroelectric materials.* Journal of Physics and Chemistry of Solids, 1996. **57**(10): p. 1499-1505.

139. Kittel, C., *Theory of the Structure of Ferromagnetic Domains in Films and Small Particles.* Physical Review, 1946. **70**(11-1): p. 965-971.

140. Mitsui, T. and J. Furuichi, *Domain Structure of Rochelle Salt and KH_2PO_4.* Physical Review, 1953. **90**(2): p. 193-202.

141. Hoffmann, M.J., et al., *Correlation between microstructure, strain behavior, and acoustic emission of soft PZT ceramics.* Acta Materialia, 2001. **49**(7): p. 1301-1310.

142. Burggraaf, A.J. and K. Keizer, *Effects of microstructure on the dielectric properties of lanthana substituted $PbTiO_3$ and $Pb(Zr,Ti)O_3$-ceramics.* Materials Research Bulletin, 1975. **10**(6): p. 521-528.

143. Hsiang, H.I. and F.S. Yen, *Effect of crystallite size on the ferroelectric domain growth of ultrafine BaTiO$_3$ powders.* Journal of the American Ceramic Society, 1996. **79**(4): p. 1053-1060.

144. Helke, G., S. Seifert, and S.J. Cho, *Phenomenological and structural properties of piezoelectric ceramics based on xPb(Zr,Ti)O$_3$ (1-x)Sr(K$_{0.25}$Nb$_{0.75}$)O$_3$ (PZT/SKN) solid solutions.* Journal of the European Ceramic Society, 1999. **19**(6-7): p. 1265-1268.

145. Uchino, K., E. Sadanaga, and T. Hirose, *Dependence of the Crystal-Structure on Particle-Size in Barium-Titanate.* Journal of the American Ceramic Society, 1989. **72**(8): p. 1555-1558.

146. Floquet, N., et al., *Ferroelectric domain walls in BaTiO3: Fingerprints in XRPD diagrams and quantitative HRTEM image analysis.* Journal De Physique Iii, 1997. **7**(6): p. 1105-1128.

147. Kungl, H. and M.J. Hoffmann, *Effects of sintering temperature on microstructure and high field strain of niobium-strontium doped morphotropic lead zirconate titanate.* Journal of Applied Physics, 2010. **107**(5).

148. Wagner, S., et al., *Effect of temperature on grain size, phase composition, and electrical properties in the relaxor-ferroelectric-system Pb(Ni$_{1/3}$Nb$_{2/3}$)O$_3$-Pb(Zr,Ti)O$_3$.* Journal of Applied Physics, 2005. **98**(2).

149. Arlt, G., *The Role of Domain-Walls on the Dielectric, Elastic and Piezoelectric Properties of Ferroelectric Ceramics.* Ferroelectrics, 1987. **76**(3-4): p. 451-458.

150. Kniekamp, H. and W. Heywang, *Depolarisationseffekte in polykristallin gesintertem Batio3.* Naturwissenschaften, 1954. **41**(3): p. 61-61.

151. Bell, A.J., *Grain size effects in barium titanate - Revisited.* Isaf '94 - Proceedings of the Ninth Ieee International Symposium on Applications of Ferroelectrics, 1994: p. 14-17.

152. Wersing, W., K. Lubitz, and J. Mohaupt, *Dielectric, elastic and piezoelectric properties of porous pzt ceramics.* Ferroelectrics, 1986. **68**(1): p. 77-97.

153. Gupta, S.M. and A.R. Kulkarni, *Role of Excess Pbo on the Microstructure and Dielectric-Properties of Lead Magnesium Niobate.* Journal of Materials Research, 1995. **10**(4): p. 953-961.

154. Arlt, G., U. Böttger, and S. Witte, *Emission of Ghz Shear-Waves by Ferroelastic Domain-Walls in Ferroelectrics.* Applied Physics Letters, 1993. **63**(5): p. 602-604.

155. Arlt, G., U. Böttger, and S. Witte, *Dielectric-Dispersion of Ferroelectric Ceramics and Single-Crystals at Microwave-Frequencies.* Annalen Der Physik, 1994. **3**(7-8): p. 578-588.

156. Arlt, G., U. Böttger, and S. Witte, *Dielectric-Dispersion of Ferroelectric Ceramics and Single-Crystals by Sound Generation in Piezoelectric Domains.* Journal of the American Ceramic Society, 1995. **78**(4): p. 1097-1100.

157. Böttger, U. and G. Arlt, *Dielectric Microwave Dispersion in Pzt Ceramics.* Ferroelectrics, 1992. **127**(1-4): p. 95-100.

158. Gerson, R., J.M. Peterson, and D.R. Rote, *Dielectric Constant of Lead Titanate Zirconate Ceramics at High Frequency.* Journal of Applied Physics, 1963. **34**(11): p. 3242-&.

159. Elissalde, C. and J. Ravez, *Ferroelectric ceramics: defects and dielectric relaxations.* Journal of Materials Chemistry, 2001. **11**(8): p. 1957-1967.

160. Böttger, U., *Dielektrische Dispersion durch Domänenwandrelaxation,* 1994, Dissertation RWTH Aachen.

161. Damjanovic, D., et al., *What Can Be Expected from Lead-Free Piezoelectric Materials?* Functional Materials Letters, 2010. **3**(1): p. 5-13.

162. Xi, Y., H. Mckinstry, and L.E. Cross, *The Influence of Piezoelectric Grain Resonance on the Dielectric Spectra of LiNbO$_3$ Ceramics.* Journal of the American Ceramic Society, 1983. **66**(9): p. 637-641.

163. Kittel, C., *Domain Boundary Motion in Ferroelectric Crystals and the Dielectric Constant at High Frequency.* Physical Review, 1951. **83**(2): p. 458-458.

164. Jin, L., V. Porokhonskyy, and D. Damjanovic, *Domain wall contributions in Pb(Zr,Ti)O$_3$ ceramics at morphotropic phase boundary: A study of dielectric dispersion.* Applied Physics Letters, 2010. **96**(24).

165. Porokhonskyy, V., L. Jin, and D. Damjanovic, *Separation of piezoelectric grain resonance and domain wall dispersion in Pb(Zr,Ti)O$_3$ ceramics.* Applied Physics Letters, 2009. **94**(21).

166. Buixaderas, E., et al., *Lattice dynamics and dielectric response of undoped, soft and hard PbZr$_{0.42}$Ti$_{0.58}$O$_3$.* Phase Transitions, 2010. **83**(10-11): p. 917-930.

167. Damjanovic, D., *Logarithmic frequency dependence of the piezoelectric effect due to pinning of ferroelectric-ferroelastic domain walls.* Physical Review B, 1997. **55**(2): p. R649-R652.

168. Yamamoto, T., *Optimum Preparation Methods for Piezoelectric Ceramics and Their Evaluation.* American Ceramic Society Bulletin, 1992. **71**(6): p. 978-985.

169. Okazaki, K., H. Saeki, and K. Nagata, *Effects of Grain-Size and Porosity on Electrical and Optical Properties of Transparent Ferroelectric Ceramics.* American Ceramic Society Bulletin, 1972. **51**(4): p. 355-&.

170. Papet, P., J.P. Dougherty, and T.R. Shrout, *Particle and Grain-Size Effects on the Dielectric Behavior of the Relaxor Ferroelectric Pb(Mg$_{1/3}$Nb$_{2/3}$)O$_3$.* Journal of Materials Research, 1990. **5**(12): p. 2902-2909.

171. Multani, M.S. and V.R. Palkar, *Grain-Size Dependent Properties of Polycrystalline Ferroelectrics.* Physica Status Solidi a-Applied Research, 1980. **58**(1): p. K29-K31.

172. Buessem, W.R., L.E. Cross, and A.K. Goswami, *Phenomenological Theory of High Permittivity in Fine-Grained Barium Titanate.* Journal of the American Ceramic Society, 1966. **49**(1): p. 33-&.

173. Arlt, G. and N.A. Pertsev, *Force-Constant and Effective Mass of 90-Degrees Domain-Walls in Ferroelectric Ceramics.* Journal of Applied Physics, 1991. **70**(4): p. 2283-2289.

174. Arlt, G. and H. Peusens, *The Dielectric-Constant of Coarse-Grained Batio3 Ceramics.* Ferroelectrics, 1983. **48**(4): p. 213-224.

175. Herber, R.P., *Characterization of ferroelectric properties with scanning probe microscopy and synthesis of lead-free ceramics*, 2008, Dissertation Technische Universität Hamburg Harburg.

176. Burns, G. and B.A. Scott, *Raman Studies of Underdamped Soft Modes in PbTiO₃.* Physical Review Letters, 1970. **25**(3): p. 167-&.

177. Burns, G. and B.A. Scott, *Lattice Modes in Ferroelectric Perovskites - Pbtio3.* Physical Review B, 1973. **7**(7): p. 3088-3101.

178. Porokhonsky, V., *Dielectric spectroscopy of some high-permittivity ceramics with structural disorder.*, 2004, Dissertation Universität Prag.

179. Geyer, R.G., P. Kabos, and J. Baker-Jarvis, *Dielectric sleeve resonator techniques for microwave complex permittivity evaluation.* Ieee Transactions on Instrumentation and Measurement, 2002. **51**(2): p. 383-392.

180. Schneider, U., et al., *Broadband dielectric spectroscopy on glass-forming propylene carbonate.* Physical Review E, 1999. **59**(6): p. 6924-6936.

181. Shrout, T.R., et al., *Conventionally Prepared Submicrometer Lead-Based Perovskite Powders by Reactive Calcination.* Journal of the American Ceramic Society, 1990. **73**(7): p. 1862-1867.

182. Singh, A.P., et al., *Low-Temperature Synthesis of Chemically Homogeneous Lead-Zirconate-Titanate (PZT) Powders by a Semi-Wet Method.* Journal of Materials Science, 1993. **28**(18): p. 5050-5055.

183. Auer, G., et al., *Fine-particulate lead zirconium titanates zirconium titanate hydrates and zirconium titanates and method for production thereof,* 2005.

184. Hu, M.Z.C., et al., *Nanocrystallization and phase transformation in monodispersed ultrafine zirconia particles from various homogeneous precipitation methods.* Journal of the American Ceramic Society, 1999. **82**(9): p. 2313-2320.

185. Hooton, J.A. and W.J. Merz, *Etch Patterns and Ferroelectric Domains in BaTiO₃ Single Crystals.* Physical Review, 1955. **98**(2): p. 409-413.

186. Huffman, M., et al., *Microstructural, Compositional and Electrical Characterization of Ferroelectric Lead Zirconate Titanate Thin-Films.* Ferroelectrics, 1992. **134**(1-4): p. 303-312.

187. Huffman, M., et al., *Properties of Ferroelectric PbTiO₃ Films Grown in an Ionized Cluster Beam System.* Journal of Vacuum Science & Technology a-Vacuum Surfaces and Films, 1993. **11**(4): p. 1406-1410.

188. Huffman, M., J. Zhu, and M.M. Al-Jassim, *Morphology and domain structure of ferroelectric lead titanate and lead zirconate titanate thin films, an overview.* Ferroelectrics, 1993. **140**(1): p. 191-201.

189. Madsen, L.D., E.M. Griswold, and L. Weaver, *Domain structures in Pb(Zr,Ti)O₃ and PbTiO₃ thin films.* Journal of Materials Research, 1997. **12**(10): p. 2612-2616.

190. Sutter, U., *Domäneneffekte in ferroelektrischen PZT-Keramiken,* 2006, Dissertation Universität Karlsruhe.

191. Hinterstein, M., et al., *In situ neutron diffraction study of electric field induced structural transitions in lanthanum doped lead zirconate titanate.* Zeitschrift Fur Kristallographie, 2011. **226**(2): p. 155-162.

192. Husson, E., *Raman spectroscopy applied to the study of phase transitions.* Oxides, 1998. **155-1**: p. 3-40.

193. Souza, A.G., et al., *Raman scattering study of the Pb(Zr$_{1-x}$Ti$_x$)O$_3$ system: Rhombohedral-monoclinic-tetragonal phase transitions.* Physical Review B, 2002. **66**(13).

194. Deluca, M., et al., *Raman spectroscopic study of phase transitions in undoped morphotropic Pb(Zr$_{1-x}$Ti$_x$)O$_3$.* Journal of Raman Spectroscopy, 2011. **42**(3): p. 488-495.

195. Lima, K.C.V., et al., *Raman study of morphotropic phase boundary in Pb(Zr$_{1-x}$Ti$_x$)O$_3$ at low temperatures.* Physical Review B, 2001. **63**(18).

196. Buixaderas, E., et al., *Raman spectroscopy of Pb(Zr$_{1-x}$Ti$_x$)O$_3$ graded ceramics around the morphotropic phase boundary.* Phase Transitions, 2011. **84**(5-6): p. 528-541.

197. Foster, C.M., et al., *Raman Line-Shapes of Anharmonic Phonons.* Physical Review Letters, 1993. **71**(8): p. 1258-1260.

198. Foster, C.M., et al., *Anharmonicity of the Lowest-Frequency a(1)(to) Phonon in PbTiO$_3$.* Physical Review B, 1993. **48**(14): p. 10160-10167.

199. Freire, J.D. and R.S. Katiyar, *Lattice-Dynamics of Crystals with Tetragonal BaTiO$_3$ Structure.* Physical Review B, 1988. **37**(4): p. 2074-2085.

200. Gillis, N.S. and T.R. Koehler, *Phase-Transitions in a Model Ferroelectric.* Physical Review B, 1972. **5**(5): p. 1925-&.

201. Pytte, E., *Theory of Perovskite Ferroelectrics.* Physical Review B, 1972. **5**(9): p. 3758-&.

202. Haun, M.J., et al., *Electrostrictive Properties of the Lead Zirconate Titanate Solid-Solution System.* Journal of the American Ceramic Society, 1989. **72**(7): p. 1140-1144.

203. Zhong, W.L., et al., *Phase-Transition in PbTiO$_3$ Ultrafine Particles of Different Sizes.* Journal of Physics-Condensed Matter, 1993. **5**(16): p. 2619-2624.

204. Zhou, Q.F., et al., *Raman spectra and structural phase transition in nanocrystalline lead lanthanum titanate.* Journal of Applied Physics, 2001. **89**(12): p. 8121-8126.

205. Ishikawa, K., K. Yoshikawa, and N. Okada, *Size Effect on the Ferroelectric Phase-Transition in Pbtio3 Ultrafine Particles.* Physical Review B, 1988. **37**(10): p. 5852-5855.

206. Yu, T., et al., *Size effect on the ferroelectric phase transition in SrBi$_2$Ta$_2$O$_9$ nanoparticles.* Journal of Applied Physics, 2003. **94**(1): p. 618-620.

207. Tavares, E.C.S., P.S. Pizani, and J.A. Eiras, *Short-range disorder in lanthanum-doped lead titanate ceramics probed by Raman scattering.* Applied Physics Letters, 1998. **72**(8): p. 897-899.

208. Kamba, S., et al., *Dielectric dispersion of the relaxer PLZT ceramics in the frequency range 20 Hz-100 THz.* Journal of Physics-Condensed Matter, 2000. **12**(4): p. 497-519.

209. Rychetsky, I., et al., *Frequency-independent dielectric losses (1/f noise) in PLZT relaxors at low temperatures.* Journal of Physics-Condensed Matter, 2003. **15**(35): p. 6017-6030.

210. Buixaderas, E., et al., *Broadband dielectric response and grain-size effect in K$_{0.5}$Na$_{0.5}$NbO$_3$ ceramics.* Journal of Applied Physics, 2010. **107**(1).

211. Bovtun, V., et al., *Broadband dielectric spectroscopy of phonons and polar nanoclusters in PbMg$_{1/3}$Nb$_{2/3}$O$_3$ - PbTiO$_3$ ceramics: Grain size effects.* Physical Review B, 2009. **79**(10).

212. McNeal, M.P., S.J. Jang, and R.E. Newnham, *Particle size dependent high frequency dielectric properties of barium titanate.* Isaf '96 -

Proceedings of the Tenth Ieee International Symposium on Applications of Ferroelectrics, Vols 1 and 2, 1996: p. 837-840.

213. McNeal, M.P., S.J. Jang, and R.E. Newnham, *The effect of grain and particle size on the microwave properties of barium titanate (BaTiO₃).* Journal of Applied Physics, 1998. **83**(6): p. 3288-3297.

214. McNeal, M.P., S.J. Jang, and R.E. Newnham, *Size effects on the dielectric properties of barium titanate (BaTiO₃) at microwave frequencies.* Ferroelectrics, 1998. **211**(1-4): p. 153-164.

215. Jin, B.M., J. Kim, and S.C. Kim, *Effects of grain size on the electrical properties of PbZr$_{0.52}$Ti$_{0.48}$O₃ ceramics.* Applied Physics a-Materials Science & Processing, 1997. **65**(1): p. 53-56.

216. Pisarski, M., *The Influence of Hydrostatic-Pressure on the Dielectric-Properties of Pb(Zr,Ti)O₃ Solutions from the Morphotropy Region.* Ferroelectrics, 1988. **81**: p. 1261-1264.

217. Yamamoto, T. and Y. Makino, *Pressure dependence of ferroelectric properties in PbZrO₃-PbTiO₃ solid state system under hydrostatic stress.* Japanese Journal of Applied Physics Part 1-Regular Papers Short Notes & Review Papers, 1996. **35**(5B): p. 3214-3217.

218. Wang, C.L., et al., *The Stability of Ferroelectric Phase near-Critical Size.* Solid State Communications, 1993. **88**(9): p. 735-737.

219. Wang, Y.G., W.L. Zhong, and P.L. Zhang, *Size Effects on the Curie-Temperature of Ferroelectric Particles.* Solid State Communications, 1994. **92**(6): p. 519-523.

220. Zhong, W.L., et al., *Phenomenological Study of the Size Effect on Phase-Transitions in Ferroelectric Particles.* Physical Review B, 1994. **50**(2): p. 698-703.

221. Picht, G., J. Topfer, and E. Hennig, *Structural properties of (Bi$_{0.5}$Na$_{0.5}$)$_{(1-x)}$Ba$_x$TiO₃ lead-free piezoelectric ceramics.* Journal of the European Ceramic Society, 2010. **30**(16): p. 3445-3453.

222. Sakaki, C., et al., *Grain size dependence of high power piezoelectric characteristics in Nb doped lead zirconate titanate oxide ceramics.* Japanese Journal of Applied Physics Part 1-Regular Papers Short Notes & Review Papers, 2001. **40**(12): p. 6907-6910.

223. Fesenko, E.G., et al., *Composition-Structure-Properties Dependences in Solid-Solutions on the Basis of Lead-Zirconate-Titanate and Sodium Niobate.* Ferroelectrics, 1982. **41**(1-4): p. 271-276.

224. Dantsiger, A.Y., et al., *Ferroelectric Solid-Solutions with High Piezoelectric Characteristics.* Ferroelectrics, 1992. **132**(1-4): p. 213-216.

225. Dantsiger, A.Y., et al., *Interdependencies among Crystallochemical, Structural and Electrophysical Parameters of Ferroelectric Solid-Solutions.* Ferroelectrics, 1992. **132**(1-4): p. 207-211.

226. Fernandes, R.P., *Private Mitteilung.* 2011.

227. Choi, Y.K., et al., *Effects of oxygen vacancies and grain sizes on the dielectric response of BaTiO$_3$.* Applied Physics Letters, 2010. **97**(21).

228. Hoshina, T., et al., *Domain size effect on dielectric properties of barium titanate ceramics.* Japanese Journal of Applied Physics, 2008. **47**(9): p. 7607-7611.

229. Hlinka, J. and P. Marton, *Phenomenological model of a 90 degrees domain wall in BaTiO$_3$-type ferroelectrics.* Physical Review B, 2006. **74**(10).

230. Hoshina, T., et al., *Size Effect and Domain-Wall Contribution of Barium Titanate Ceramics.* Ferroelectrics, 2010. **402**: p. 29-36.

231. Schmitt, L.A., et al., *In situ hot-stage transmission electron microscopy of Pb(Zr$_{0.52}$Ti$_{0.48}$)O$_3$.* Phase Transitions, 2008. **81**(4): p. 323-329.

232. Schonau, K.A., et al., *In situ synchrotron diffraction investigation of morphotropic Pb(Zr$_{1-x}$Ti$_x$)O$_3$ under an applied electric field.* Physical Review B, 2007. **76**(14).

233. Salje, E.K.H. and W.T. Lee, *Atomic force microscopy - Pinning down the thickness of twin walls.* Nature Materials, 2004. **3**(7): p. 425-426.

234. Shilo, D., G. Ravichandran, and K. Bhattacharya, *Investigation of twin-wall structure at the nanometre scale using atomic force microscopy.* Nature Materials, 2004. **3**(7): p. 453-457.

235. Lee, W.T., E.K.H. Salje, and U. Bismayer, *Influence of point defects on the distribution of twin wall widths.* Physical Review B, 2005. **72**(10).

236. Ishibashi, Y., M. Iwata, and E. Salje, *Polarization reversals in the presence of 90 degrees domain walls.* Japanese Journal of Applied Physics Part 1-Regular Papers Brief Communications & Review Papers, 2005. **44**(10): p. 7512-7517.

237. Xiao, Y., V.B. Shenoy, and K. Bhattacharya, *Depletion layers and domain walls in semiconducting ferroelectric thin films.* Physical Review Letters, 2005. **95**(24).

238. Calleja, M., M.T. Dove, and E.K.H. Salje, *Trapping of oxygen vacancies on twin walls of $CaTiO_3$: a computer simulation study.* Journal of Physics-Condensed Matter, 2003. **15**(14): p. 2301-2307.

239. Franck, C., G. Ravichandran, and K. Bhattacharya, *Characterization of domain walls in $BaTiO_3$ using simultaneous atomic force and piezo response force microscopy.* Applied Physics Letters, 2006. **88**(10).

8 Symbolverzeichnis

Formelzeichen	Einheit	Bedeutung
α		Steigung der dielektrischen Frequenzdispersion
δ_{rh}		Deformationsparameter der rhomboedrischen Elementarzelle
δ_{tr}		Deformationsparameter der tetragonalen Elementarzelle
D	As/m^2	dielektrische Verschiebung
d	nm	Domänengröße
D_{eff}	mol %	effektiver Donatorgehalt
d_{kij}	pC/N	piezoelektrische Ladungskonstante
ε_0'		berechneter Realteil der relativen Permittivität bei f = 0 Hz
ε_0	As/Vm	elektrische Feldkonstante
ε_r; $\varepsilon_{33}^T/\varepsilon_0$		relative Permittivität
E	kV/mm	elektrische Feldstärke
E_C	kV/mm	Koerzitivfeldstärke
f_r	GHz	Relaxationsfrequenz
g	µm	Korngröße
g_{krit}	µm	kritische Korngröße
O_{sp}	m^2/g	spezifische Oberfläche

Symbolverzeichnis

P	$\mu C/cm^2$	Polarisation
P_{rem}	$\mu C/cm^2$	remanente Polarisation
r_A	pm	Radius A-Platz Ion
r_B	pm	Radius B-Platz Ion
ρ_S	g/cm^3	Dichte der gesinterten Keramik
s_{ijkm}	m^2/N	elastische Nachgiebigkeit
S	%	relative Längenänderung
S_{rem}	%	remanente Längenänderung
T	MPa	mechanische Spannung
t		Toleranzfaktor nach Goldschmidt
T	°C	Temperatur
T_C	°C	Curietemperatur
V_{tr}	%	tetragonaler Phasenanteil
$\tilde{v}$	cm^{-1}	Wellenzahl
χ		dielektrische Suszeptibilität

Schriftenreihe
des Instituts für Angewandte Materialien

ISSN 2192-9963

Die Bände sind unter www.ksp.kit.edu als PDF frei verfügbar oder
als Druckausgabe bestellbar.

Band 1   Prachai Norajitra
          Divertor Development for a Future Fusion Power Plant. 2011
          ISBN 978-3-86644-738-7

Band 2   Jürgen Prokop
          **Entwicklung von Spritzgießsonderverfahren zur Herstellung
          von Mikrobauteilen durch galvanische Replikation.** 2011
          ISBN 978-3-86644-755-4

Band 3   Theo Fett
          **New contributions to R-curves and bridging stresses –
          Applications of weight functions.** 2012
          ISBN 978-3-86644-836-0

Band 4   Jérôme Acker
          **Einfluss des Alkali/Niob-Verhältnisses und der Kupferdotierung
          auf das Sinterverhalten, die Strukturbildung und die Mikro-
          struktur von bleifreier Piezokeramik $(K_{0,5}Na_{0,5})NbO_3$.** 2012
          ISBN 978-3-86644-867-4

Band 5   Holger Schwaab
          **Nichtlineare Modellierung von Ferroelektrika unter
          Berücksichtigung der elektrischen Leitfähigkeit.** 2012
          ISBN 978-3-86644-869-8

Band 6   Christian Dethloff
          **Modeling of Helium Bubble Nucleation and Growth
          in Neutron Irradiated RAFM Steels.** 2012
          ISBN 978-3-86644-901-5

Band 7   Jens Reiser
          **Duktilisierung von Wolfram. Synthese, Analyse und Charak-
          terisierung von Wolframlaminaten aus Wolframfolie.** 2012
          ISBN 978-3-86644-902-2

Band 8   Andreas Sedlmayr
          **Experimental Investigations of Deformation Pathways
          in Nanowires.** 2012
          ISBN 978-3-86644-905-3

Band 9   Matthias Friedrich Funk
          **Microstructural stability of nanostructured fcc metals during
          cyclic deformation and fatigue.** 2012
          ISBN 978-3-86644-918-3

Band 10   Maximilian Schwenk
          **Entwicklung und Validierung eines numerischen Simulationsmodells
          zur Beschreibung der induktiven Ein- und Zweifrequenzrandschicht-
          härtung am Beispiel von vergütetem 42CrMo4.** 2012
          ISBN 978-3-86644-929-9

Band 11   Matthias Merzkirch
          **Verformungs- und Schädigungsverhalten der verbundstranggepressten,
          federstahldrahtverstärkten Aluminiumlegierung EN AW-6082.** 2012
          ISBN 978-3-86644-933-6

Band 12   Thilo Hammers
          **Wärmebehandlung und Recken von verbundstranggepressten
          Luftfahrtprofilen.** 2013
          ISBN 978-3-86644-947-3

Band 13   Jochen Lohmiller
          **Investigation of deformation mechanisms in nanocrystalline
          metals and alloys by in situ synchrotron X-ray diffraction.** 2013
          ISBN 978-3-86644-962-6

Band 14   Simone Schreijäg
          **Microstructure and Mechanical Behavior of Deep Drawing DC04 Steel
          at Different Length Scales.** 2013
          ISBN 978-3-86644-967-1

Band 15   Zhiming Chen
          Modelling the plastic deformation of iron. 2013
          ISBN 978-3-86644-968-8

Band 16   Abdullah Fatih Çetinel
          **Oberflächendefektausheilung und Festigkeitssteigerung von nieder-
          druckspritzgegossenen Mikrobiegebalken aus Zirkoniumdioxid.** 2013
          ISBN 978-3-86644-976-3

Band 17   Thomas Weber
          **Entwicklung und Optimierung von gradierten Wolfram/
          EUROFER97-Verbindungen für Divertorkomponenten.** 2013
          ISBN 978-3-86644-993-0

Band 18   Melanie Senn
          **Optimale Prozessführung mit merkmalsbasierter
          Zustandsverfolgung.** 2013
          ISBN 978-3-7315-0004-9

Band 29   Gunnar Picht
**Einfluss der Korngröße auf ferroelektrische Eigenschaften
dotierter Pb(Zr$_{1-x}$Ti$_x$)O$_3$ Materialien.** 2013
ISBN 978-3-7315-0106-0